Kunststoff-Recycling
Ausgabe 1994
Verwerterbetriebe von Kunststoff-Abfällen

4., aktualisierte und erweiterte Ausgabe

Herausgegeben vom
Gesamtverband kunststoffverarbeitende
Industrie e.V. (GKV) unter Mitarbeit der
deutschen Kunststoffverbände und der
Zeitschrift KUNSTSTOFFE

Carl Hanser Verlag München Wien

Herausgeber:

Gesamtverband kunststoffverarbeitende Industrie e.V. (GKV)
Am Hauptbahnhof 12
60329 Frankfurt/Main

Zeitschrift KUNSTSTOFFE
Marburger Straße 13
64289 Darmstadt

CIP-Kurztitelaufnahme der Deutschen Bibliothek

Kunststoff-Recycling : Verwerterbetriebe von
Kunststoff-Abfällen ; Literaturrecherche / hrsg.
vom Gesamtverb. Kunststoffverarbeitende Industrie
e.V. (GKV) u.d. Zeitschrift. „Kunststoffe". -
München ; Wien : Hanser. - 22 cm
  ISSN 0936-5311
  erscheint unregelmässig. - Aufnahme nach
  Ausg. 2 1989/90 (1989)

[Ausg. 1]. 1986 -

Dieses Werk ist urheberrechtlich geschützt.
Alle Rechte, auch die der Übersetzung, des Nachdrucks und der Vervielfältigung des Buches,
oder Teilen daraus, vorbehalten. Kein Teil des Werkes darf ohne schriftliche Genehmigung
des Verlages in irgendeiner Form (Fotokopie, Mikrofilm oder ein anderes Verfahren), auch
nicht für Zwecke der Unterrichtsgestaltung, reproduziert oder unter Verwendung elektroni-
scher Systeme verarbeitet, vervielfältigt oder verbreitet werden.

© 1994 Carl Hanser Verlag München Wien; ISBN 3-446-17538-5
Gesamtherstellung: Grafik + Druck GmbH, München
Printed in Germany

Vorwort zur vierten Ausgabe

Recycling ist längst fester Bestandteil industriellen Handelns. Für Kunststoffe gilt dies seit vielen Jahren, denn Kunststoffe können und müssen wiederverwertet werden. Die Recycling-Quote ist seit Beginn der 80er Jahre stetig gestiegen.

Die Recycling-Möglichkeiten sind bei Kunststoff als organischem Werkstoff vielseitig. Neben der werkstofflichen Verwertung insbesondere reiner Abfälle steht gleichberechtigt die rohstoffliche Verwertung, d.h. die Rückführung des Kunststoffs zum Ausgangsprodukt Erdöl. Die energetische Verwertung stellt nach wie vor eine wichtige Alternative für stark verunreinigte und vermischte Kunststoffe dar.

Auch für vermischte und verschmutzte Kunststoffabfälle gibt es nach dem heutigen Stand der Technik werkstoffliche Recycling-Möglichkeiten. Eine große Zahl von Firmen hat sich seit Jahren - und nicht erst unter dem Druck der Verpackungsverordnung - dieser Aufgabe angenommen. Obwohl der Markt derartiger Aktivitäten wächst, läßt die Akzeptanz für Recycling-Produkte - insbesondere auch bei öffentlichen Auftraggebern - leider noch zu wünschen übrig. Oftmals verhindern überzogene Qualitätsanforderungen auf der Abnehmerseite den Einsatz von Rezyklaten und Regranulaten. Hier muß noch erhebliche Aufklärung erfolgen. Dies kann am besten durch die Recycling-Betriebe selbst geschehen. Aber auch ein Umdenken des Endverbrauchers ist erforderlich. Die gesamte Kunststoff-Branche ist hier zur Mitarbeit und Unterstützung aufgerufen.

Das Ausmaß der heute bereits praktizierten Wiederverwertungsmöglichkeiten von Kunststoffabfällen ist in der Öffentlichkeit nicht hinreichend bekannt. Anbieter von Kunststoffabfällen, insbesondere kommunale Behörden, wissen häufig nicht, wer entsprechende Abfälle aufnimmt und verwertet. Aber auch gewerbliche Anbieter von Kunststoffabfällen beklagen, daß der Markt für Verwertungsmöglichkeiten noch immer recht unübersichtlich ist. So kommt es immer wieder vor, daß Recycling-Betriebe trotz großer Bemühungen keine ausreichenden Materialmengen für ihre Aufbereitungskapazitäten erhalten.

Der Gesamtverband Kunststoffverarbeitende Industrie e.V. (GKV) und die Redaktion KUNSTSTOFFE wollen hier mehr Transparenz schaffen. Erstmals wurden 1986 Kunststoff-Recyclingbetriebe danach befragt, welche Kunststoffabfälle sie verwerten, über welche Recycling-Technologien sie verfügen und welche Abfallmengen sie jährlich aufbereiten. Diese Daten wurden Mitte 1993 durch eine erneute Befragung aktualisiert. Das Ergebnis ist in dieser vierten Augabe zusammengestellt. Insgesamt 276 Recycling-Betriebe werden ausgewiesen. Sie befassen sich schwerpunktmäßig mit dem Aufnehmen, stofflichen Aufbereiten, Weiterverarbeiten und Vertreiben von

Kunststoffabfällen bzw. daraus hergestellter Produkte. Nicht enthalten sind in dieser Übersicht Recycling-Betriebe, die ausschließlich im Rahmen fester Verträge oder im Lohnauftrag Kunststoffabfälle verwerten. Dagegen sind auch reine Handelsfirmen erfaßt, da sie letztlich gewerblichen wie kommunalen Anbietern von Kunststoffabfällen als Abnehmer behilflich sein können.

Die Befragung der Recycling-Betriebe basierte auf umfangreichem Adressmaterial, das uns von den verschiedenen Kunststoff-Verbänden und -Institutionen zur Verfügung gestellt wurde. So hoffen wir, mit dieser Broschüre ein weitgehend vollständiges und verläßliches Informationsmittel geschaffen zu haben, um Kontakte zwischen Anbietern von Kunststoffabfällen, Recycling-Betrieben und Händlern zu erleichtern. Die bewährte Gliederung und inhaltliche Struktur dieser Firmenübersicht (gegliedert nach Firmennamen, Postleitzahlen bzw. Art der verwerteten Kunststoffabfälle) wurde beibehalten.

Erstmals wird diese Adressenübersicht auch als Diskette mit einer entsprechenden Suchroutine verfügbar sein. Dieses Informationsmedium ermöglicht es darüberhinaus, diese Übersicht der Verwerterbetriebe von Kunststoffabfällen auf dem neuesten Stand zu halten und Interessenten so die stets aktuelle Version anbieten zu können (s. Anhang).

Kunststoffe kann man wiederverwerten, und daß dies künftig in noch größerem Umfang geschieht, ist nicht nur wirtschaftlich vernünftig, sondern umweltpolitisch unabdingbar. Die Broschüre will dazu einen Beitrag leisten.

Frankfurt und Darmstadt im August 1993

Gesamtverband Kunststoffverarbeitende
Industrie e.V. (GKV)

Zeitschrift KUNSTSTOFFE

RA Joachim ten Hagen

Dr. Wolfgang Glenz

Inhalt

Firmenübersicht Recyclingbetriebe 1

Recyclingbetriebe nach Postleitzahlen 141

Recyclingbetriebe nach verwerteten Kunststoffen 151
    Polyvinylchlorid (PVC-hart, PVC-weich) 152
    Polyethylen (PE-LD, PE-LLD, PE-HD) 157
    Ethylen-Vinylacetat-Copolymerisate (EVA) 166
    Polypropylen (PP) 169
    Polystyrol (PS, SB, EPS) 177
    Styrol-Acrylnitril-Copolymerisate (SAN) 185
    Acrylnitril-Styrol-Acrylester-Copolymerisate (ASA) 189
    Acrylnitril-Butadien-Styrol-Copolymerisate (ABS) 192
    Polyamide (PA 6, PA 66, PA 11, PA 12) 198
    Polyoxymethylen (POM) 204
    Polycarbonat (PC) 208
    Polyphenylenoxid (PPO-Blends) 213
    Polymethylmethacrylat (PMMA) 217
    Polyester, gesättigt (PET, PBT) 221
    Polyethersulfon (PES) 225
    Polyphenylensulfid (PPS) 228
    Polysulfon (PSU) 231
    Polyimid (PI) 233
    Fluorkunststoffe (PTFE, FEP, PFA) 235
    Cellulosederivate (CA, CAB, CP) 237
    Duroplaste (MF, PF, MPF, UP) 239
    Polyurethan (PUR, TPU) 241
    Kautschuk, thermoplastisch (TPU, TPR) 243
    Kautschuk, Altreifen 245

Anhang 247
    Verzeichnis von Verbänden, Institutionen, Ministerien
        und Behörden 248
    Fragebogen 253
    Bestellkarte für Diskette 255

Firmenübersicht
Recyclingbetriebe

2 Firmenübersicht Recyclingbetriebe

1   Aero-Verpackungsges. mbH   Tel.: 06359/5056
                                          Fax.: 06359/85680
        Benzstr. 19
        D 67269 Grünstadt   Herr Heitz

verwertete   Thermoplaste: sortenrein der Typen PS, EPS
Kunststoffe

in Form von   Schaumstoffen

Tätigkeiten   Weiterverarbeitung von Rezyklat/Regenerat zu Formteilen (bis 1000t pro Jahr)

---

2   Aisaplast Eva-Regina Santner   Tel.: 07724/2545
                                          Fax.: -
        Lohnau 26
        A 5261 Uttendorf   Herr F.J. Santner

verwertete   Thermoplaste: sortenrein der Typen PE, PP, PS, EPS, SAN, ASA,
Kunststoffe   ABS, PC, PMMA

in Form von   Formteilen, Mahlgut, Angüssen

Tätigkeiten   Aufbereiten (bis 1000t pro Jahr)

                    Vertreiben (bis 1000t pro Jahr)

3   Akro Plastic GmbH

Postfach 67
D 56649 Niederzissen

Tel.: 02636/9742-0
Fax.: 02636/7742

Herr Schümann

verwertete Kunststoffe	Thermoplaste: sortenrein der Typen PA
in Form von	Mahlgut
Tätigkeiten	Aufbereiten (bis 1000t pro Jahr)
	Vertreiben (bis 1000t pro Jahr)

4   Albers Kunststoffe

Henstedter Straße 31
D 24558 Wakendorf

Tel.: 04535/6677
Fax.: 04535/1783

Herr Albers

verwertete Kunststoffe	Thermoplaste: sortenrein u. verschmutzt der Typen PE, PP, PS, EPS, ABS, PC, PMMA
in Form von	Folien, Formteilen, Mahlgut
Tätigkeiten	Aufbereiten (1000t bis 5000t pro Jahr)

5 Albis Plastic GmbH   Tel.: 040/78105-0
                                              Fax.: 040/78105-361

    Mühlenhagen 35
    D 20539 Hamburg   Herr M. Bartels

verwertete Kunststoffe	Thermoplaste: sortenrein der Typen PE, PP, PS, EPS, SAN, ABS, PA, POM, PC, PMMA, PET, PBT, CA, CAB, CP
in Form von	Folien, Formteilen, Mahlgut, Schaumstoffen, Fasern
Tätigkeiten	Aufbereiten (mehr als 5000t pro Jahr)
	Vertreiben (mehr als 5000t pro Jahr)

6 Albis Impex AG   Tel.: 01/923 54 34
                                              Fax.: 01/923 54 60

    Brüchstr. 136
    CH 8706 Meilen

verwertete Kunststoffe	Thermoplaste: sortenrein der Typen PP, PS, EPS, SAN, ASA, ABS, PA, POM, PC, PPO, PMMA, PET, PBT, PES, PPS, PSU, PTFE, FEP, PFA, CA, CAB, CP
	Elastomere: sortenrein der Typen TPU, TPE
in Form von	Mahlgut
Tätigkeiten	k.a.

7   **Alpa AG**   Tel.: 052/2230331
                          Fax.: 052/2225888

In der Euelwies 14
CH 8408 Winterthur   Herr Votta

verwertete   Thermoplaste: sortenrein u. verschmutzt der Typen PVC, PE, EVA,
Kunststoffe   PP, PS, EPS, SAN, ABS, PA, PC, PPO, PET, PBT, PES

in Form von   Folien, Formteilen, Mahlgut, Fasern

Tätigkeiten   Aufbereiten (bis 1000t pro Jahr)

                    Vertreiben (mehr als 5000t pro Jahr)

---

8   **Altex Textil Recycling GmbH & Co. KG**   Tel.: 02565/6665
                                                      Fax.: 02565/4837

D 48599 Gronau-Epe   Herr K. Stienemann

verwertete   Thermoplaste: sortenrein der Typen PVC, PE, PP, PA, PES
Kunststoffe

in Form von   Folien, Mahlgut, Fasern

Tätigkeiten   Aufbereiten (mehr als 5000t pro Jahr)

                    Vertreiben (1000t bis 5000t pro Jahr)

                    Weiterverarbeitung von Rezyklat/Regenerat zu Fasern und Vlies
                    (mehr als 5000t pro Jahr)

9   Ammendorfer Plastwerk GmbH   Tel.: 0046/4600
                                                  Fax.: 0046/41231

Schachtstraße 11
D 06132 Halle   Herr Alferi

verwertete Kunststoffe   Thermoplaste: sortenrein der Typen PVC, PE, EVA, PP, PS, EPS, ABS, PET, PBT

in Form von   Folien, Formteilen, Mahlgut, Fasern

Tätigkeiten   Aufbereiten (1000t bis 5000t pro Jahr)

                 Vertreiben (1000t bis 5000t pro Jahr)

                 Weiterverarbeitung von Rezyklat/Regenerat zu Folien (1000t bis 5000t pro Jahr), zu Formteilen (1000t bis 5000t pro Jahr)

---

10   E.L. Antonini Außenhandels GmbH   Tel.: 04221/13520
                                                  Fax.: 04221/150019

Lange Straße 111
D 27749 Delmenhorst   Herr Antonini

verwertete Kunststoffe   Thermoplaste: sortenrein der Typen PVC, PE, PP, PS, EPS, SAN, ABS, PA, PMMA, PET, PBT, PES, CA, CAB, CP

in Form von   Folien, Formteilen, Mahlgut, Schaumstoffen, Fasern

Tätigkeiten   Vertreiben (1000t bis 5000t pro Jahr)

11

Arbo Plastic AG

Hintergasse 10
CH 5736 Burg (AG)

Tel.: 064/71-6271
Fax.: 064/71-5360

Herr Ruesch

verwertete Kunststoffe Thermoplaste: sortenrein

in Form von Mahlgut

Tätigkeiten Weiterverarbeitung von Rezyklat/Regenerat zu Folien (bis 1000t pro Jahr)

12

Arge Kunststoffrecycling Himberg
Masin - W/I/B/E/B/A
Industriestr. 11
A 2325 Himberg

Tel.: 02235/88574
Fax.: 02235/88573

Herr Ganster

verwertete Kunststoffe Thermoplaste: sortenrein, vermischt u. verschmutzt der Typen PE, PP

in Form von Folien, Formteilen, Mahlgut

Tätigkeiten Aufbereiten (mehr als 5000t pro Jahr)

Vertreiben (1000t bis 5000t pro Jahr)

13   **Basi Kunststoffaufbereitung GmbH**   Tel.: 05733/7174
                                                 Fax.: 05733/10554

          Meyrastr. 3
          D 32602 Vlotho   Herr Balci

verwertete   Thermoplaste: sortenrein der Typen PVC, PE, PP, PS, EPS, ABS,
Kunststoffe   PA, POM, PC

in Form von   Formteilen, Mahlgut

Tätigkeiten   Aufbereiten (mehr als 5000t pro Jahr)

                    Vertreiben (mehr als 5000t pro Jahr)

---

14   **Heinrich Baumgarten GmbH**   Tel.: 02735/762-0
                                                 Fax.: 02735/762-23

          Bahnhofstr. 9
          D 57290 Neunkirchen   Herr Rolf Baumgarten

verwertete   Duroplaste: sortenrein der Typen MF, PF, MPF, UP
Kunststoffe

in Form von   Formteilen

Tätigkeiten   k.a.

15   Beab-Cycloplast GmbH

Mohriner Allee 23
D 12347 Berlin

Tel.: 030/7032460
Fax.: 030/7032948

Herr Schumski

verwertete Kunststoffe	Thermoplaste: sortenrein der Typen PVC, PE, EVA, PP, PS, EPS, SAN, ABS, PA, POM, PC, PPO, PMMA, PET, PBT, PES, PTFE, FEP, PFA, CA, CAB, CP
in Form von	Folien, Formteilen, Mahlgut, Fasern
Tätigkeiten	Vertreiben (bis 1000t pro Jahr)

16   Becker + Armbrust GmbH

Goethestr. 12
D 15234 Frankfurt/Oder

Tel.: 0335/22868 u. 20415
Fax.: 0335/22271

Herr Armbrust

verwertete Kunststoffe	Thermoplaste: sortenrein, vermischt u. verschmutzt der Typen PVC, PE, EVA, PP, PS, EPS, SAN, ASA, ABS, PA, POM, PC, PPO, PMMA, PET, PBT, PES, PPS, PSU, PI, PTFE, FEP, PFA, CA, CAB, CP
	Duroplaste: sortenrein, vermischt u. verschmutzt der Typen MF, PF, MPF, UP
	Altreifen: sortenrein
in Form von	Folien, Formteilen, Mahlgut, Schaumstoffen, Fasern
Tätigkeiten	Aufbereiten (mehr als 5000t pro Jahr)
	Weiterverarbeitung von Rezyklat/Regenerat zu Folien (mehr als 5000t pro Jahr), zu Formteilen (mehr als 5000t pro Jahr)

17	**Becker Umweltdienste GmbH**	Tel.: 0371/91600 Fax.: 0371/916011
	Sandstr. 116 D 09114 Chemnitz	Herr Gräßler, Herr Reimann

verwertete Kunststoffe Thermoplaste: sortenrein, vermischt u. verschmutzt der Typen PVC, PE, EVA, PP, PS, EPS, SAN, ASA, ABS, PA, POM, PC, PPO, PMMA, PET, PBT, PES, PPS, PSU, PI, PTFE, FEP, PFA, CA, CAB, CP

Duroplaste: sortenrein, vermischt u. verschmutzt der Typen MF, PF, MPF, UP

Altreifen: sortenrein

in Form von Folien, Formteilen, Mahlgut, Schaumstoffen, Fasern

Tätigkeiten Aufbereiten (mehr als 5000t pro Jahr)

Weiterverarbeitung von Rezyklat/Regenerat zu Folien (mehr als 5000t pro Jahr), zu Formteilen (mehr als 5000t pro Jahr)

18	**Becker-Entsorgung und Recycling GmbH**	Tel.: 03504/612571 Fax.: -
	Friedr.-Engels-Str. 16d D 01744 Dippoldiswalde	Herr Kobstädt

verwertete Kunststoffe Thermoplaste: sortenrein, vermischt u. verschmutzt der Typen PVC, PE, EVA, PP, PS, EPS, SAN, ASA, ABS, PA, POM, PC, PPO, PMMA, PET, PBT, PES, PPS, PSU, PI, PTFE, FEP, PFA, CA, CAB, CP

Duroplaste: sortenrein, vermischt u. verschmutzt der Typen MF, PF, MPF, UP

Altreifen: sortenrein

in Form von Folien, Formteilen, Mahlgut, Schaumstoffen, Fasern

Tätigkeiten Aufbereiten (mehr als 5000t pro Jahr)

Weiterverarbeitung von Rezyklat/Regenerat zu Folien (mehr als 5000t pro Jahr), zu Formteilen (mehr als 5000t pro Jahr)

19   **Becker Umweltdienste GmbH**   Tel.: 037322/2439
         Niederlassung Langenau   Fax.: 037222/2275
         Am Bahnhof 10
         D 09636 Langenau   Herr Techner

verwertete Kunststoffe   <u>Thermoplaste:</u> sortenrein, vermischt u. verschmutzt der Typen PVC, PE, EVA, PP, PS, EPS, SAN, ASA, ABS, PA, POM, PC, PPO, PMMA, PET, PBT, PES, PPS, PSU, PI, PTFE, FEP, PFA, CA, CAB, CP

         <u>Duroplaste:</u> sortenrein, vermischt u. verschmutzt der Typen MF, PF, MPF, UP

         <u>Altreifen:</u> sortenrein

in Form von   Folien, Formteilen, Mahlgut, Schaumstoffen, Fasern

Tätigkeiten   <u>Aufbereiten</u> (mehr als 5000t pro Jahr)

         <u>Weiterverarbeitung</u> von Rezyklat/Regenerat zu Folien (mehr als 5000t pro Jahr), zu Formteilen (mehr als 5000t pro Jahr)

---

20   **Jakob Becker Entsorgungs-GmbH**   Tel.: 06303/8040
             Fax.: 06303/5666
         An der Heide 10
         D 67678 Mehlingen   Herr Tartter

verwertete Kunststoffe   <u>Thermoplaste:</u> sortenrein, vermischt u. verschmutzt der Typen PVC, PE, EVA, PP, PS, EPS, SAN, ASA, ABS, PA, POM, PC, PPO, PMMA, PET, PBT, PES, PPS, PSU, PI, PTFE, FEP, PFA, CA, CAB, CP

         <u>Duroplaste:</u> sortenrein, vermischt u. verschmutzt der Typen MF, PF, MPF, UP

         <u>Altreifen:</u> sortenrein

in Form von   Folien, Formteilen, Mahlgut, Schaumstoffen, Fasern

Tätigkeiten   <u>Aufbereiten</u> (mehr als 5000t pro Jahr)

         <u>Weiterverarbeitung</u> von Rezyklat/Regenerat zu Folien (mehr als 5000t pro Jahr), zu Formteilen (mehr als 5000t pro Jahr)

21 Jakob Becker Entsorgungs-GmbH

Tel.: 06331/63000
Fax.: 06331/63356

Auf der Kling 15a
D 66954 Pirmasens

verwertete Kunststoffe	Thermoplaste: sortenrein, vermischt u. verschmutzt der Typen PVC, PE, EVA, PP, PS, EPS, SAN, ASA, ABS, PA, POM, PC, PPO, PMMA, PET, PBT, PES, PPS, PSU, PI, PTFE, FEP, PFA, CA, CAB, CP
	Duroplaste: sortenrein, vermischt u. verschmutzt der Typen MF, PF, MPF, UP
	Altreifen: sortenrein
in Form von	Folien, Formteilen, Mahlgut, Schaumstoffen, Fasern
Tätigkeiten	Aufbereiten (mehr als 5000t pro Jahr)
	Weiterverarbeitung von Rezyklat/Regenerat zu Folien (mehr als 5000t pro Jahr), zu Formteilen (mehr als 5000t pro Jahr)

22 Becker Entsorgung u. Recycling GmbH

Tel.: 039386/2220
Fax.: 039386/2220

Lindenstr. 65
D 39615 Seehausen

Herr Scharbius

verwertete Kunststoffe	Thermoplaste: sortenrein, vermischt u. verschmutzt der Typen PVC, PE, EVA, PP, PS, EPS, SAN, ASA, ABS, PA, POM, PC, PPO, PMMA, PET, PBT, PES, PPS, PSU, PI, PTFE, FEP, PFA, CA, CAB, CP
	Duroplaste: sortenrein, vermischt u. verschmutzt der Typen MF, PF, MPF, UP
	Altreifen: sortenrein
in Form von	Folien, Formteilen, Mahlgut, Schaumstoffen, Fasern
Tätigkeiten	Aufbereiten (mehr als 5000t pro Jahr)
	Weiterverarbeitung von Rezyklat/Regenerat zu Folien (mehr als 5000t pro Jahr), zu Formteilen (mehr als 5000t pro Jahr)

23	**Becker Umweltdienste GmbH Perleberg**	Tel.: 03877/3892 u. 3893
		Fax.: 03877/3685
	Wahrenberger Chaussee 1	
	D 19322 Wittenberge	Herr Weigelt, Herr Wladacz

verwertete Kunststoffe

<u>Thermoplaste:</u> sortenrein, vermischt u. verschmutzt der Typen PVC, PE, EVA, PP, PS, EPS, SAN, ASA, ABS, PA, POM, PC, PPO, PMMA, PET, PBT, PES, PPS, PSU, PI, PTFE, FEP, PFA, CA, CAB, CP

<u>Duroplaste:</u> sortenrein, vermischt u. verschmutzt der Typen MF, PF, MPF, UP

<u>Altreifen:</u> sortenrein

in Form von Folien, Formteilen, Mahlgut, Schaumstoffen, Fasern

Tätigkeiten <u>Aufbereiten</u> (mehr als 5000t pro Jahr)

<u>Weiterverarbeitung</u> von Rezyklat/Regenerat zu Folien (mehr als 5000t pro Jahr), zu Formteilen (mehr als 5000t pro Jahr)

24	**Jakob Becker Entsorgungs-GmbH**	Tel.: 06241/40940
		Fax.: 06241/409494
	Entenpfuhl 10	
	D 67547 Worms	

verwertete Kunststoffe

<u>Thermoplaste:</u> sortenrein, vermischt u. verschmutzt der Typen PVC, PE, EVA, PP, PS, EPS, SAN, ASA, ABS, PA, POM, PC, PPO, PMMA, PET, PBT, PES, PPS, PSU, PI, PTFE, FEP, PFA, CA, CAB, CP

<u>Duroplaste:</u> sortenrein, vermischt u. verschmutzt der Typen MF, PF, MPF, UP

<u>Altreifen:</u> sortenrein

in Form von Folien, Formteilen, Mahlgut, Schaumstoffen, Fasern

Tätigkeiten <u>Aufbereiten</u> (mehr als 5000t pro Jahr)

<u>Weiterverarbeitung</u> von Rezyklat/Regenerat zu Folien (mehr als 5000t pro Jahr), zu Formteilen (mehr als 5000t pro Jahr)

25	**Beeko Plast Kunststoffe GmbH**	Tel.: 04943/4451 bis 54 Fax.: 04943/2967
	Holtmeedeweg 1 D 26629 Großefehn	Herr Bohlen

verwertete Kunststoffe	Thermoplaste: sortenrein, vermischt u. verschmutzt der Typen PVC, PE, PP, PS, EPS, SAN, ASA, ABS, PA, POM, PC, PPO, PMMA, PET, PBT
	Elastomere: sortenrein der Typen TPE
	Altreifen: sortenrein
in Form von	Folien, Formteilen, Mahlgut
Tätigkeiten	Aufbereiten (mehr als 5000t pro Jahr)
	Vertreiben (mehr als 5000t pro Jahr)
	Weiterverarbeitung von Rezyklat/Regenerat zu Folien (mehr als 5000t pro Jahr), zu Formteilen (mehr als 5000t pro Jahr)

26	**TH. Bergmann GmbH & Co.**	Tel.: 07225/6802-0 Fax.: 07225/6802-10
	Postfach Postfach D 76571 Gaggenau	

verwertete Kunststoffe	Thermoplaste: sortenrein der Typen PA
in Form von	Fasern
Tätigkeiten	Weiterverarbeitung von Rezyklat/Regenerat zu Folien (bis 1000t pro Jahr)

27	**BES GmbH**	Tel.: 03876/3324
		Fax.: 03876/3324
	Gertrudstr. 9	
	D 19348 Perleberg	Herr Neumann

verwertete Kunststoffe	<u>Thermoplaste:</u> sortenrein, vermischt u. verschmutzt der Typen PVC, PE, EVA, PP, PS, EPS, SAN, ASA, ABS, PA, POM, PC, PPO, PMMA, PET, PBT, PES, PPS, PSU, PI, PTFE, FEP, PFA, CA, CAB, CP
	<u>Duroplaste:</u> sortenrein, vermischt u. verschmutzt der Typen MF, PF, MPF, UP
	<u>Altreifen:</u> sortenrein
in Form von	Folien, Formteilen, Mahlgut, Schaumstoffen, Fasern
Tätigkeiten	<u>Aufbereiten</u> (mehr als 5000t pro Jahr)
	<u>Weiterverarbeitung</u> von Rezyklat/Regenerat zu Folien (mehr als 5000t pro Jahr), zu Formteilen (mehr als 5000t pro Jahr)

28	**Beyer Industrieprodukte GmbH & Co. KG**	Tel.: 02421/5303-1 bis 3
		Fax.: 02421/5303-4
	Panzerstraße	
	D 52372 Kreuzau	Herr Beyer

verwertete Kunststoffe	<u>Thermoplaste:</u> vermischt u. verschmutzt der Typen PE, PP, PS, EPS, PPO, PPS
in Form von	Folien, Formteilen
Tätigkeiten	<u>Aufbereiten</u> (1000t bis 5000t pro Jahr)
	<u>Weiterverarbeitung</u> von Rezyklat/Regenerat zu Formteilen (1000t bis 5000t pro Jahr)

29 B.H.S. Kunststoffaufbereitung GmbH

Fritz-Schunk-Str. 58
D 66440 Bliestkastel-Böckweiler

Tel.: 06844/1549
Fax.: 06844/1649

Herr Scharf, Herr Hemmert

verwertete Kunststoffe	Thermoplaste: sortenrein der Typen PVC
in Form von	Mahlgut, Fensterprofile
Tätigkeiten	Aufbereiten (bis 1000t pro Jahr)
	Vertreiben (bis 1000t pro Jahr)

30 Ernst Böhmke GmbH
Thermoplastische Kunststoffe
Kirchhofstr. 15
D 42310 Wuppertal

Tel.: 0202/7400-07 u. 08
Fax.: 0202/774205

Herr E.R. Böhmke

verwertete Kunststoffe	Thermoplaste: sortenrein der Typen PE, EVA, PP, PS, EPS, SAN, ASA, ABS, PA, POM, PC, PPO, PMMA, PET, PBT, PES, PPS, CA, CAB, CP
in Form von	Formteilen, Mahlgut
Tätigkeiten	Aufbereiten (1000t bis 5000t pro Jahr)
	Vertreiben (1000t bis 5000t pro Jahr)

31 Johann Borgers GmbH & Co. KG   Tel.: 05201/8114-0
                                            Fax.: 05201/16692
     Klingenhagen 28
     D 33790 Halle   Herr Voetz

verwertete Kunststoffe	Thermoplaste: sortenrein der Typen PA
in Form von	Fasern, Textilien
Tätigkeiten	Aufbereiten (bis 1000t pro Jahr)
	Vertreiben (bis 1000t pro Jahr)

32 BP Chemicals PlasTec GmbH   Tel.: 06061/77241
                                            Fax.: 06061/77206
     Postfach 3209
     D 64720 Michelstadt   Herr Petri

verwertete Kunststoffe	Thermoplaste: sortenrein der Typen PE
in Form von	Folien
Tätigkeiten	Aufbereiten (mehr als 5000t pro Jahr)
	Vertreiben (1000t bis 5000t pro Jahr)
	Weiterverarbeitung von Rezyklat/Regenerat zu Folien (mehr als 5000t pro Jahr)

33	**Bratke Kunststofftechnik**	Tel.: 09843/1011
		Fax.: 09843/1543
	Bergelerstraße 24	
	D 91593 Burgbernheim	Herr H. P. Bratke

verwertete Kunststoffe	Thermoplaste: sortenrein der Typen PE, PP, PS, EPS, SAN, ASA, ABS, PA, POM, PC, PPO, PMMA, PET, PBT, PES, PPS, PSU, CA, CAB, CP
in Form von	Formteilen, Mahlgut
Tätigkeiten	Aufbereiten (1000t bis 5000t pro Jahr)
	Vertreiben (1000t bis 5000t pro Jahr)

34	**Braun & Wettberg GmbH**	Tel.: 06068/2021
		Fax.: 06068/3028
	Hirschhorner Straße 84-90	
	D 64743 Beerfelden/Odw.	Herr Rolf Jakob

verwertete Kunststoffe	Thermoplaste: sortenrein der Typen PVC
in Form von	Folien, Mahlgut
Tätigkeiten	Weiterverarbeitung von Rezyklat/Regenerat zu Formteilen (bis 1000t pro Jahr)

35   Bröcher Recycling   Tel.: 02733/7081
                                               Fax.: 02733/3738
         An den weißen Steinen 2
         D 57271 Hilchenbach   Herr Hosper

verwertete   Thermoplaste: sortenrein u. verschmutzt der Typen PE, PA
Kunststoffe

in Form von Folien, Formteilen, Mahlgut

Tätigkeiten Aufbereiten (1000t bis 5000t pro Jahr)

                 Vertreiben (1000t bis 5000t pro Jahr)

36   bSR GmbH   Tel.: 03877/45238
                                               Fax.:
         Bad Wilsnacker Str. 43
         D 19322 Wittenberge   Herr Weigelt

verwertete   Thermoplaste: sortenrein, vermischt u. verschmutzt der Typen PVC,
Kunststoffe PE, EVA, PP, PS, EPS, SAN, ASA, ABS, PA, POM, PC, PPO,
                 PMMA, PET, PBT, PES, PPS, PSU, PI, PTFE, FEP, PFA, CA,
                 CAB, CP

                 Duroplaste: sortenrein, vermischt u. verschmutzt der Typen MF,
                 PF, MPF, UP

                 Altreifen: sortenrein

in Form von Folien, Formteilen, Mahlgut, Schaumstoffen, Fasern

Tätigkeiten Aufbereiten (mehr als 5000t pro Jahr)

                 Weiterverarbeitung von Rezyklat/Regenerat zu Folien (mehr als
                 5000t pro Jahr), zu Formteilen (mehr als 5000t pro Jahr)

37   Cabka Plast GmbH

Tel.: 07262/7874
Fax.: 07262/4218

Postfach 153
D 75020 Eppingen

Herr Hagemann

verwertete Kunststoffe	Thermoplaste: sortenrein, vermischt u. verschmutzt der Typen PVC, PE, EVA, PP, ABS
in Form von	Mahlgut
Tätigkeiten	Aufbereiten (mehr als 5000t pro Jahr)
	Weiterverarbeitung von Rezyklat/Regenerat zu Formteilen (mehr als 5000t pro Jahr)

38   Calenberg GmbH

Tel.: 05069/3068
Fax.: 05069/3067

Calenberger Mühle
D 30982 Pattensen

Herr S. Rettenmaier

verwertete Kunststoffe	Thermoplaste: sortenrein u. vermischt der Typen PVC, PE, EVA, PP, PS, EPS, SAN, ASA, ABS, PA, POM, PC, PPO, PMMA, PET, PBT, PES, PPS, PSU, PI, PTFE, FEP, PFA
	Duroplaste: sortenrein u. vermischt
	Elastomere: sortenrein u. vermischt der Typen TPE
in Form von	Folien, Formteilen, Mahlgut, Schaumstoffen, Fasern, Rollen, Ballen
Tätigkeiten	Aufbereiten (mehr als 5000t pro Jahr)

39   CHS-Martel GmbH

Mainzer Str. 50
D 67657 Kaiserslautern

Tel.: 0631/40045 bis 48
Fax.: 0631/45404

Herr Szydlowski, Herr Räbel

verwertete Kunststoffe	Thermoplaste: sortenrein, vermischt u. verschmutzt der Typen PVC, PE, EVA, PP, PS, EPS, ABS, PA, POM, PC, PPO, PMMA, PET, PBT, PTFE, FEP, PFA
	Duroplaste: sortenrein, vermischt u. verschmutzt der Typen PUR
	Elastomere: sortenrein, vermischt u. verschmutzt der Typen TPU, TPE
	Altreifen: sortenrein, vermischt u. verschmutzt
in Form von	Folien, Formteilen, Mahlgut, Schaumstoffen, Fasern, Fässern
Tätigkeiten	Aufbereiten (mehr als 5000t pro Jahr)
	Vertreiben (mehr als 5000t pro Jahr)
	Weiterverarbeitung von Rezyklat/Regenerat zu Formteilen (1000t bis 5000t pro Jahr)

40   Clemens Recycling und Entsorgungs GmbH

Drachenburgstr. 5
D 53179 Bonn-Mehlem

Tel.: 0228/345045
Fax.: 0228/856744

Herr Kümpel

verwertete Kunststoffe	Thermoplaste: sortenrein, vermischt u. verschmutzt der Typen PVC, PE, PP, PS, EPS, ABS, PA, PET, PBT, PES, PPS
	Duroplaste: sortenrein, vermischt u. verschmutzt
	Elastomere: sortenrein, vermischt u. verschmutzt der Typen TPE
	Altreifen: sortenrein, vermischt u. verschmutzt
in Form von	Folien, Formteilen, Mahlgut, Schaumstoffen
Tätigkeiten	Aufbereiten (1000t bis 5000t pro Jahr)
	Vertreiben (bis 1000t pro Jahr)

41 Cogranu GmbH

Am Ockenheimer Graben 17
D 55411 Bingen

Tel.: 06721/709-0
Fax.: 06721/709-70

Herr Hoff

verwertete Kunststoffe	Thermoplaste: sortenrein der Typen PVC, PE, PP, PS, EPS
in Form von	Mahlgut
Tätigkeiten	Vertreiben (1000t bis 5000t pro Jahr)

42 Contek Kunststoffrecycling GmbH

Am Hafen
D 31618 Liebenau

Tel.: 05023/1834
Fax.: 05023/1834

Herr Kalinowsky

verwertete Kunststoffe	Thermoplaste: sortenrein, vermischt u. verschmutzt der Typen PE, PP, PS, EPS, ABS, PC, PMMA
in Form von	Folien, Formteilen, Mahlgut
Tätigkeiten	Aufbereiten (mehr als 5000t pro Jahr)
	Vertreiben (1000t bis 5000t pro Jahr)

43	Coratech GmbH	Tel.: 05171/12058
		Fax.: 05171/17209
	Beneckestraße 4	
	D 31224 Peine	Frau Warner

verwertete Kunststoffe	Thermoplaste: sortenrein der Typen PE, PP
in Form von	Folien, Mahlgut, Fasern
Tätigkeiten	Aufbereiten (1000t bis 5000t pro Jahr)
	Vertreiben (mehr als 5000t pro Jahr)

44	Cowaplast Coswig GmbH	Tel.: 0351/794320
		Fax.: 0351/74129
	Grenzstr. 9	
	D 01640 Coswig	Herr Reichelt

verwertete Kunststoffe	Thermoplaste: sortenrein der Typen PVC
in Form von	Folien, Mahlgut
Tätigkeiten	Aufbereiten (bis 1000t pro Jahr)
	Weiterverarbeitung von Rezyklat/Regenerat zu Folien (bis 1000t pro Jahr)

45   Paul Craemer GmbH

Postfach 1261
D 33442 Herzebrock-Clarholz

Tel.: 05245/430
Fax.: 05245/43170

Herr Vieselmann

verwertete Kunststoffe	Thermoplaste: sortenrein der Typen PE
in Form von	Mahlgut
Tätigkeiten	Weiterverarbeitung von Rezyklat/Regenerat zu Formteilen (1000t bis 5000t pro Jahr)

46   Cyclop GmbH

Emil Hoffmann Str. 1
D 50996 Köln

Tel.: 02236/602-210 u. 308
Fax.: 02236/602-228

Herr Fournier, Herr Causemann

verwertete Kunststoffe	Thermoplaste: sortenrein der Typen PET, PBT
in Form von	Mahlgut
Tätigkeiten	Aufbereiten (bis 1000t pro Jahr)
	Weiterverarbeitung von Rezyklat/Regenerat zu Kunststoffbändern (bis 1000t pro Jahr)

47 **Delta Plast Technology GmbH**   Tel.: 08771/3310 u. 3325
                                           Fax.: 08771/1005
      Tannenstr. 13
      D 84061 Ergoldsbach   Herr Stauner

verwertete Kunststoffe	Thermoplaste: sortenrein, vermischt u. verschmutzt der Typen PVC, PE, PP, PS, EPS, SAN, ASA, ABS, PMMA, PET, PBT
in Form von	Mahlgut
Tätigkeiten	Aufbereiten (1000t bis 5000t pro Jahr)

---

48 **Diffundit H.W. Kischkel KG**   Tel.: 0231/528427
                                          Fax.: 0231/577586
      Körnerbachstr. 10-50
      D 44008 Dortmund   Herr Krause

verwertete Kunststoffe	Thermoplaste: sortenrein der Typen PVC, PE, EVA, PP, PS, EPS, SAN, ASA, ABS, PA
	Duroplaste: sortenrein
	Elastomere: sortenrein der Typen TPE
in Form von	k.a.
Tätigkeiten	Aufbereiten (mehr als 5000t pro Jahr)

49   Diku-Kunststoff GmbH

Neuburgerstr. 4
D 92542 Dieterskirchen

Tel.: 09671/738 u. 1741
Fax.: 09671/2083

Herr Rademacher

verwertete Kunststoffe	<u>Thermoplaste:</u> sortenrein der Typen PVC, PE, EVA, PP, PS, EPS, SAN, ASA, ABS, PA, POM, PC, PPO, PMMA, PET, PBT, PI, PTFE, FEP, PFA, CA, CAB, CP
	<u>Elastomere:</u> sortenrein der Typen TPU, TPE
in Form von	Mahlgut, Neuware, Regranulat
Tätigkeiten	<u>Aufbereiten</u> (bis 1000t pro Jahr)
	<u>Vertreiben</u> (bis 1000t pro Jahr)
	<u>Weiterverarbeitung</u> von Rezyklat/Regenerat zu Regranulat (bis 1000t pro Jahr)

50   DMK Metall u. K-Recycling GmbH

Weg nach der Marienmühle 8
D 06667 Weißenfels

Tel.: 03443/302385
Fax.: 03443/302385

Frau, Herr Sondershausen

verwertete Kunststoffe	<u>Thermoplaste:</u> sortenrein der Typen PE, PP, PA
in Form von	Folien, Formteilen, Mahlgut
Tätigkeiten	<u>Weiterverarbeitung</u> von Rezyklat/Regenerat zu Formteilen (1000t bis 5000t pro Jahr)

51 A.&P. Drekopf GmbH & Co. KG Tel.: 02161/68940
 Fax.: 02161/689444

Böttgerstr. 33
D 41066 Mönchengladbach Herr Titze, Herr Dambeck

verwertete Kunststoffe	<u>Thermoplaste:</u> sortenrein u. vermischt der Typen PE, PP, PS, EPS
in Form von	Folien, Formteilen
Tätigkeiten	<u>Aufbereiten</u> (1000t bis 5000t pro Jahr)
	<u>Vertreiben</u> (1000t bis 5000t pro Jahr)

52 EBS-Recycling GmbH Tel.: 0831/66461
 Fax.: 0831/60039

Ludwigstr. 2
D 87437 Kempten Herr Schmalholz

verwertete Kunststoffe	<u>Thermoplaste:</u> sortenrein u. verschmutzt der Typen PVC, PE, PP, PS, EPS, SAN, ASA, ABS, PA, POM, PC, PMMA, PET, PBT, PTFE, FEP, PFA
in Form von	Folien, Formteilen, Mahlgut, Schaumstoffen, Fasern
Tätigkeiten	<u>Aufbereiten</u> (1000t bis 5000t pro Jahr)
	<u>Vertreiben</u> (1000t bis 5000t pro Jahr)

53	**Ecoplast GmbH**	Tel.: 03182/3355-15
		Fax.: 03182/3355-18
	Untere Aue 21	
	A 8610 Wildon	Herr Knittl

verwertete Kunststoffe	<u>Thermoplaste:</u> sortenrein der Typen PE, PP, PS, EPS, ABS
in Form von	Folien, Formteilen, Mahlgut
Tätigkeiten	<u>Aufbereiten</u> (mehr als 5000t pro Jahr)
	<u>Vertreiben</u> (mehr als 5000t pro Jahr)

54	**Eing-bvi GmbH**	Tel.: 02542/704-124
		Fax.: 02542/7613
	Postfach 1162	
	D 48704 Gescher	Herr Gemsa

verwertete Kunststoffe	<u>Thermoplaste:</u> vermischt u. verschmutzt
	<u>Duroplaste:</u> vermischt u. verschmutzt
in Form von	Folien, Formteilen
Tätigkeiten	<u>Aufbereiten</u> (mehr als 5000t pro Jahr)
	<u>Vertreiben</u> (mehr als 5000t pro Jahr)

55 Emrich Kanalreinigung GmbH

Tel.: 06303/4600
Fax.: 06303/5666

An der Heide 10
D 67678 Mehlingen

verwertete Kunststoffe	<u>Thermoplaste:</u> sortenrein, vermischt u. verschmutzt der Typen PVC, PE, EVA, PP, PS, EPS, SAN, ASA, ABS, PA, POM, PC, PPO, PMMA, PET, PBT, PES, PPS, PSU, PI, PTFE, FEP, PFA, CA, CAB, CP
	<u>Duroplaste:</u> sortenrein, vermischt u. verschmutzt der Typen MF, PF, MPF, UP
	<u>Altreifen:</u> sortenrein
in Form von	Folien, Formteilen, Mahlgut, Schaumstoffen, Fasern
Tätigkeiten	<u>Aufbereiten</u> (mehr als 5000t pro Jahr)
	<u>Weiterverarbeitung</u> von Rezyklat/Regenerat zu Folien (mehr als 5000t pro Jahr), zu Formteilen (mehr als 5000t pro Jahr)

56 Ercom Composite Recycling GmbH

Tel.: 07222/9890-32
Fax.: 07222/9890-87

Lochfeldstrasse 30
D 76437 Rastatt

Herr G. Wunsch

verwertete Kunststoffe	<u>Duroplaste:</u> sortenrein
in Form von	Formteilen
Tätigkeiten	<u>Aufbereiten</u> (1000t bis 5000t pro Jahr)
	<u>Vertreiben</u> (1000t bis 5000t pro Jahr)

57 ERE Kunststoff GmbH & Co. KG

Industriegebiet
D 53539 Kelberg

Tel.: 02692/1885 u. 8285
Fax.: 02692/8991

Herr Mayer, Herr Würz

verwertete Kunststoffe	<u>Thermoplaste:</u> sortenrein der Typen PE, PP, PS, EPS, SAN, ASA, ABS, PA, POM, PC, PPO, PMMA, PET, PBT, PPS
in Form von	Folien, Formteilen, Mahlgut
Tätigkeiten	<u>Aufbereiten</u> (1000t bis 5000t pro Jahr)
	<u>Vertreiben</u> (1000t bis 5000t pro Jahr)

58 Estra-Kunststoff GmbH

Postfach 1425
D 72704 Reutlingen

Tel.: 0751/48513 u. 49213
Fax.: 0751/42809

Herr Straubinger

verwertete Kunststoffe	<u>Thermoplaste:</u> sortenrein der Typen PVC, PE, EVA, PP, PS, EPS, SAN, ASA, ABS, PA, POM, PC, PPO, PMMA, PET, PBT, PES, PPS, PSU, PI, PTFE, FEP, PFA, CA, CAB, CP
in Form von	Mahlgut
Tätigkeiten	<u>Aufbereiten</u> (bis 1000t pro Jahr)
	<u>Vertreiben</u> (bis 1000t pro Jahr)
	<u>Weiterverarbeitung</u> von Rezyklat/Regenerat zu Folien (bis 1000t pro Jahr)

59 FAB Kunststoff-Recycling u. Folien

Nennhauser Damm 158
D 13591 Berlin

Tel.: 030/3634201
Fax.: 030/3633011

Herr Müller

verwertete Kunststoffe	Thermoplaste: sortenrein der Typen PE, EVA, PP, PS, EPS, SAN, ABS, PA, POM, PC, PPO, PMMA
in Form von	Folien, Formteilen, Mahlgut, Fasern
Tätigkeiten	Aufbereiten (1000t bis 5000t pro Jahr)
	Vertreiben (1000t bis 5000t pro Jahr)
	Weiterverarbeitung von Rezyklat/Regenerat zu Folien (1000t bis 5000t pro Jahr)

60 F&E GmbH

An der Kühweid 4
D 76661 Phillipsburg

Tel.: 07256/7039
Fax.: 07256/7821

Herr Enders

verwertete Kunststoffe	Thermoplaste: sortenrein, vermischt u. verschmutzt der Typen PVC,PE,EVA,PP,PS,EPS,SAN,ASA,ABS,PA,POM,PC,PPO,PMMA,PET,PBT,PES,PPS,PSU,PI,PTFE,FEP,PFA,CA,CAB,CP
	Duroplaste: sortenrein, vermischt u. verschmutzt der Typen MF, PF, MPF, UP, PUR
	Elastomere: sortenrein, vermischt u. verschmutzt der Typen TPU, TPE
	Altreifen: vermischt
in Form von	Folien, Formteilen, Mahlgut, Schaumstoffen, Fasern
Tätigkeiten	Aufbereiten (mehr als 5000t pro Jahr)
	Weiterverarbeitung von Rezyklat/Regenerat zu Formteilen (mehr als 5000t pro Jahr), zu Verbundwerkstoffen (mehr als 5000t pro Jahr), zu Füllstoffe (mehr als 5000t pro Jahr)

61 Walter Fechner

Manchingerstr. 54
D 85053 Ingolstadt

Tel.: 0841/67158
Fax.: 0841/64511

Herr Fechner

verwertete Kunststoffe	<u>Thermoplaste:</u> sortenrein der Typen PVC, PE, EVA, PP, PS, EPS, SAN, ASA, ABS, PA, POM, PC, PPO, PMMA, PET, PBT, PPS, PSU, CA, CAB, CP
in Form von	Folien, Mahlgut
Tätigkeiten	<u>Vertreiben</u> (bis 1000t pro Jahr)

62 F.S. Fehrer GmbH & Co. KG

Heinrich Fehrer Str. 3
D 97306 Kitzingen

Tel.: 09321/302-436
Fax.: 09321/302-457

Herr Erhard

verwertete Kunststoffe	<u>Duroplaste:</u> sortenrein der Typen PUR
in Form von	Schaumstoffen
Tätigkeiten	<u>Weiterverarbeitung</u> von Rezyklat/Regenerat zu Verbundwerkstoffen (bis 1000t pro Jahr)

63	**Peter Fink GmbH**	Tel.: 08131/512-0
		Fax.: 08131/512-129
	Am Kräutergarten 4	
	D 85221 Dachau	Herr Droth

verwertete Kunststoffe	<u>Thermoplaste:</u> sortenrein u. vermischt der Typen PVC, PE, PP, PS, EPS, ABS
	<u>Duroplaste:</u> sortenrein u. vermischt
	<u>Altreifen:</u> sortenrein
in Form von	Folien, Formteilen, Verpackungen
Tätigkeiten	<u>Vertreiben</u> (1000t bis 5000t pro Jahr)

64	**Fischer GmbH duro tech**	Tel.: 02771/5866
		Fax.: 02771/5647
	Schelder Hütte 16	
	D 35687 Dillenburg	Herr Fischer

verwertete Kunststoffe	<u>Duroplaste:</u> sortenrein der Typen MF, PF, MPF, UP
in Form von	Formteilen, Mahlgut
Tätigkeiten	<u>Aufbereiten</u> (bis 1000t pro Jahr)

65 Fischer Papier + Glas Recycling GmbH

Dieselstr. 22
D 87437 Kempten

Tel.: 0831/7424
Fax.: 0831/75142

Herr Schilfarth

verwertete Kunststoffe	Thermoplaste: sortenrein der Typen PVC, PE, PP, PS, EPS
in Form von	Folien, Formteilen, Mahlgut, Schaumstoffen
Tätigkeiten	Aufbereiten (bis 1000t pro Jahr)
	Vertreiben (bis 1000t pro Jahr)

66 Fischer Recycling GmbH & Co. KG

Postfach 1449
D 88212 Ravensburg

Tel.: 0751/3620-0
Fax.: 0751/3620-199

Frau Brunnbauer, Herr Ullrich

verwertete Kunststoffe	Thermoplaste: sortenrein der Typen PVC, PE, PP, PS, EPS
in Form von	Folien, Formteilen, Mahlgut, Schaumstoffen
Tätigkeiten	Aufbereiten (bis 1000t pro Jahr)
	Vertreiben (bis 1000t pro Jahr)

67   **Flatz GmbH**　　　　　　　　　　　Tel.: 05574/31290
　　　　Verpackungen　　　　　　　　　Fax.: 05574/31290-53
　　　　Antoniusstraße 9+12
　　　　A 6923 Lauterach　　　　　　　　　Herr Flatz

verwertete　　Thermoplaste: sortenrein der Typen PS, EPS
Kunststoffe

in Form von　 Schaumstoffen, EPS-Verpackungen

Tätigkeiten　　Weiterverarbeitung von Rezyklat/Regenerat zu Formteilen (bis 1000t pro Jahr)

68   **Flo-Pak GmbH**　　　　　　　　Tel.: 07324/5081
　　　　　　　　　　　　　　　　　　　　　Fax.: 07324/5086
　　　　Daimlerstr. 4
　　　　D 89542 Herbrechtingen　　　　　Herr J. Grundgeir

verwertete　　Thermoplaste: sortenrein der Typen PS, EPS
Kunststoffe

in Form von　 Formteilen

Tätigkeiten　　Weiterverarbeitung von Rezyklat/Regenerat zu Loose Fill (bis 1000t pro Jahr)

69 Fomtex Hüttemann GmbH

Niederstr. 13
D 40789 Monheim

Tel.: 02173/50022
Fax.: 02173/31870

Herr D.R. Haensel

verwertete Kunststoffe	Thermoplaste: sortenrein der Typen PE, EVA
in Form von	Mahlgut
Tätigkeiten	Aufbereiten (bis 1000t pro Jahr)
	Weiterverarbeitung von Rezyklat/Regenerat zu Strahlmittel (bis 1000t pro Jahr)

---

70 Fraku Kunststoffe Verkaufs GmbH

Reitweg 1
D 90587 Veitsbronn

Tel.: 0911/7529-01 u. 02
Fax.: 0911/7540526

Herr Jolli, Herr Brechtel

verwertete Kunststoffe	Thermoplaste: sortenrein der Typen PE, PP, PS, EPS, SAN, ASA, ABS
in Form von	Mahlgut
Tätigkeiten	Aufbereiten (bis 1000t pro Jahr)
	Vertreiben (bis 1000t pro Jahr)

71 Franken Rohstoff GmbH   Tel.: 09721/6506-0
                                             Fax.: 09721/6506-26
         Postfach 4350
         D 97411 Schweinfurt   Herr C. Harth

verwertete Kunststoffe	Thermoplaste: sortenrein der Typen PE
in Form von	Folien
Tätigkeiten	Aufbereiten (bis 1000t pro Jahr)

---

72 Friedola Gebr. Holzapfel GmbH & Co. KG   Tel.: 05651/303-234
                                                Fax.: 05651/303-108
         Topfmühle 1
         D 37276 Meinhard-Frieda   Herr Dr. Eckhard Göller

verwertete Kunststoffe	Thermoplaste: sortenrein der Typen PVC, PE, EVA, PP, ABS, PA, POM, PC, PPO, PET, PBT
	Elastomere: sortenrein der Typen TPU, TPE
in Form von	Folien, Formteilen, Mahlgut
Tätigkeiten	Aufbereiten (1000t bis 5000t pro Jahr)
	Vertreiben (1000t bis 5000t pro Jahr)
	Weiterverarbeitung von Rezyklat/Regenerat zu Formteilen (1000t bis 5000t pro Jahr), zu Verbundwerkstoffen (1000t bis 5000t pro Jahr)

73

Hans Friedsam Faßverwertung GmbH & Co. KG

Wiesenstr. 150
D 41460 Neuss

Tel.: 02131/278081
Fax.: 02131/275362

Herr Hoemske, Herr Friedsam

verwertete Kunststoffe	Thermoplaste: sortenrein der Typen PE
in Form von	Fässern
Tätigkeiten	k.a.

74

Gabor Entsorgung u. Recycling GmbH & Co. KG

Gewerbering 9
D 08451 Crimmitschau

Tel.: 03762/3698 u. 46545
Fax.: 03762/46544

verwertete Kunststoffe	Thermoplaste: sortenrein u. vermischt der Typen PE, PP, PS, EPS, ABS
in Form von	Folien, Formteilen, Mahlgut, DSD-Material
Tätigkeiten	Aufbereiten (bis 1000t pro Jahr)
	Weiterverarbeitung von Rezyklat/Regenerat zu Formteilen (bis 1000t pro Jahr)

75 G.A.S. GmbH & Co. KG

Rudolf-Diesel-Straße 26
D 68169 Mannheim

Tel.: 0621/313023
Fax.: 0621/313536

Herr Wetzstein, Herr Köster

verwertete Kunststoffe	Thermoplaste: sortenrein, vermischt u. verschmutzt der Typen PE, PP, PS, EPS, ABS, PA, PET, PBT, PPS
	Elastomere: sortenrein u. vermischt der Typen TPE
	Altreifen: sortenrein u. vermischt
in Form von	Folien, Formteilen
Tätigkeiten	Aufbereiten (bis 1000t pro Jahr)
	Vertreiben (bis 1000t pro Jahr)

76 Geba Kunststoffhandel-K.-Recycling GmbH

Postfach 1212
D 59304 Ennigerloh

Tel.: 02524/4060 u. 2073
Fax.: 02524/1552

Fr. Gnegeler

verwertete Kunststoffe	Thermoplaste: sortenrein der Typen SAN, ABS, PA, PC, PPO, PMMA, PET, PBT
in Form von	Formteilen, Mahlgut
Tätigkeiten	Aufbereiten (mehr als 5000t pro Jahr)
	Vertreiben (mehr als 5000t pro Jahr)

77 Gelaplast GmbH

Sunderhues Esch 27
D 48662 Ahaus

Tel.: 02561/2979
Fax.: 02561/1317

Herr Gebing

verwertete Kunststoffe	Thermoplaste: sortenrein der Typen PET, PBT
in Form von	Folien, Formteilen, Mahlgut
Tätigkeiten	Aufbereiten (1000t bis 5000t pro Jahr)
	Vertreiben (bis 1000t pro Jahr)
	Weiterverarbeitung von Rezyklat/Regenerat zu Folien (1000t bis 5000t pro Jahr)

78 Gesellschaft f. Umwelttechnik mbH

Hauptstr. 1
D 24887 Silberstedt

Tel.: 04626/1048 u. 1540
Fax.: 04626/1540

Herr Wojcik

verwertete Kunststoffe	Thermoplaste: sortenrein, vermischt u. verschmutzt der Typen PVC, PE, PP, PS, EPS, SAN, ABS, PA, POM, PC, PPO, PMMA, PET, PBT
in Form von	Formteilen, Mahlgut
Tätigkeiten	Aufbereiten (1000t bis 5000t pro Jahr)
	Vertreiben (1000t bis 5000t pro Jahr)

79 GHP GmbH i. Gr. Tel.: 02369/22634
Fax.: -
Askanierweg 9
D 46286 Dorsten Herr Grunwalder

verwertete **Kunststoffe** Thermoplaste: sortenrein, vermischt u. verschmutzt der Typen PE, PP, PS, EPS, ABS, PET, PBT

Duroplaste: sortenrein, vermischt u. verschmutzt

in Form von Folien, Formteilen

Tätigkeiten Aufbereiten (bis 1000t pro Jahr)

Vertreiben (1000t bis 5000t pro Jahr)

Weiterverarbeitung von Rezyklat/Regenerat zu Verpackungen (bis 1000t pro Jahr)

80 Giersbach GmbH Tel.: 02773/5131
Fax.: 02773/71431
Postfach 1144
D 35701 Haiger Herr Weiss

verwertete **Kunststoffe** Thermoplaste: sortenrein der Typen PE, PP

in Form von Folien

Tätigkeiten Aufbereiten (1000t bis 5000t pro Jahr)

Vertreiben (bis 1000t pro Jahr)

81 Grannex Recycling-Technik GmbH

Tel.: 0541/91207-11
Fax.: 0541/91207-10

Dornierstraße 11
D 49090 Osnabrück

Frau Kerstin Rennings

verwertete Kunststoffe	Thermoplaste: sortenrein, vermischt u. verschmutzt der Typen PP, PC
in Form von	Formteilen, Mahlgut
Tätigkeiten	Aufbereiten (mehr als 5000t pro Jahr)

82 Grashorn & Co. GmbH

Tel.: 04431/8950
Fax.: 04431/6252

Postfach 1265
D 27779 Wildeshausen

Herr N. Bieseke

verwertete Kunststoffe	Thermoplaste: sortenrein der Typen PE, PS, EPS, ABS
in Form von	Mahlgut
Tätigkeiten	Weiterverarbeitung von Rezyklat/Regenerat zu Formteilen (bis 1000t pro Jahr)

83 Guschall GmbH

Bahnhofstr. 24
D 57539 Etzbach

Tel.: 02682/673-59 u. 38
Fax.: 02682/673-99

Herr Schmitz

verwertete Kunststoffe	Thermoplaste: sortenrein, vermischt u. verschmutzt der Typen PVC, PE, EVA, PP, PS, EPS, SAN, ABS, PA, PC, PET, PBT, PES, PTFE, FEP, PFA
	Duroplaste: sortenrein
	Elastomere: sortenrein der Typen TPE
in Form von	Folien, Formteilen, Mahlgut, Fasern
Tätigkeiten	Aufbereiten (mehr als 5000t pro Jahr)
	Vertreiben (mehr als 5000t pro Jahr)
	Weiterverarbeitung von Rezyklat/Regenerat zu Folien (mehr als 5000t pro Jahr), zu Formteilen (mehr als 5000t pro Jahr)

84 E. Guski & Co.

Sandkruger Str. 22
D 26133 Oldenburg

Tel.: 0441/41053
Fax.: 0441/41054

Herr F. Müller

verwertete Kunststoffe	Thermoplaste: sortenrein u. verschmutzt der Typen PE, PP, PS, EPS
in Form von	Folien
Tätigkeiten	Vertreiben (1000t bis 5000t pro Jahr)

85   Halle plastic GmbH

Böllberger Weg 184-186
D 06110 Halle

Tel.: 003746/207-239
Fax.: 003746/27589

Herr Schiedewitz

verwertete Kunststoffe	Thermoplaste: sortenrein u. vermischt der Typen PVC
in Form von	Mahlgut
Tätigkeiten	Weiterverarbeitung von Rezyklat/Regenerat zu Formteilen (bis 1000t pro Jahr)

86   Erich Hammerl KG

Postfach 1134
D 74375 Gemmrigheim

Tel.: 07143/9047
Fax.: 07143/92808

Herr E. Hammerl

verwertete Kunststoffe	Thermoplaste: sortenrein der Typen PVC, PE, PP
in Form von	Folien, Formteilen, Mahlgut
Tätigkeiten	Aufbereiten (mehr als 5000t pro Jahr)
	Weiterverarbeitung von Rezyklat/Regenerat zu Folien (mehr als 5000t pro Jahr), zu Formteilen (mehr als 5000t pro Jahr)

87 Hämmerle Recycling GmbH

Postfach 5768
D 78436 Konstanz

Tel.: 07531/9840-0
Fax.: 07531/9840-40

Fr. B. Hämmerle-Hagel

verwertete Kunststoffe	Thermoplaste: sortenrein u. verschmutzt der Typen PVC, PE, PP, PS, EPS
	Altreifen: sortenrein
in Form von	Folien
Tätigkeiten	Vertreiben (bis 1000t pro Jahr)

88 Hannawald Plastik GmbH

Am Ockenheimer Graben 20
D 55411 Bingen

Tel.: 06723/10334
Fax.: 06723/16305

Herr Keiper

verwertete Kunststoffe	Thermoplaste: sortenrein u. verschmutzt der Typen PVC, PE
in Form von	Folien
Tätigkeiten	Aufbereiten (1000t bis 5000t pro Jahr)
	Vertreiben (mehr als 5000t pro Jahr)

89	Hansa Kunststoff-Recycling	Tel.: 04822/6002
	Schöppler & Fiedler	Fax.: 04822/7661
	Blocksbarg 7	
	D 25563 Wrist	Herr Fiedler

verwertete Kunststoffe	Thermoplaste: sortenrein der Typen PE, PP, PS, EPS, ASA, ABS, PA, POM, PC, PPO, PMMA, PTFE, FEP, PFA, CA, CAB, CP
in Form von	Formteilen, Mahlgut
Tätigkeiten	Aufbereiten (bis 1000t pro Jahr)
	Vertreiben (bis 1000t pro Jahr)

90	Wilhelm Haug GmbH & Co. KG	Tel.: 07073/302-0
		Fax.: 07073/6020
	Eisenbahnstr. 32	
	D 72119 Pfaeffingen	

verwertete Kunststoffe	Thermoplaste: sortenrein der Typen PE, PS, EPS
in Form von	Mahlgut
Tätigkeiten	Aufbereiten (bis 1000t pro Jahr)
	Weiterverarbeitung von Rezyklat/Regenerat zu Formteilen (bis 1000t pro Jahr)

91

Heidelberger Kunststofftechnik GmbH
Verwaltung Heidelberg
Mittermaierstr. 18
D 69115 Heidelberg

Tel.: 06221/534-30
Fax.: 06221/534-499

Herr Neumann

verwertete Kunststoffe	Thermoplaste: sortenrein der Typen PS, EPS
in Form von	Formteilen
Tätigkeiten	Aufbereiten (bis 1000t pro Jahr)
	Vertreiben (bis 1000t pro Jahr)
	Weiterverarbeitung von Rezyklat/Regenerat zu Formteilen (bis 1000t pro Jahr)

92

Hans Hennerici oHG

Ostrampe
D 56727 Mayen

Tel.: 02651/43071
Fax.: 02651/43553

Herr K.H. Kramer, Frau A. Henn

verwertete Kunststoffe	Thermoplaste: sortenrein u. verschmutzt der Typen PVC, PE, PP, ABS, PMMA
in Form von	Folien, Formteilen, Mahlgut
Tätigkeiten	Aufbereiten (mehr als 5000t pro Jahr)
	Vertreiben (mehr als 5000t pro Jahr)

93	Hiller KG Kunststoffaufbereitung	Tel.: 07309/5068
		Fax.: 07309/5067
	Daimlerstr. 8	
	D 89264 Weißenhorn	Herr Hiller

verwertete Kunststoffe	Thermoplaste: sortenrein der Typen PE, PP, PS, EPS
in Form von	Folien, Formteilen, Mahlgut, Fasern
Tätigkeiten	Aufbereiten (1000t bis 5000t pro Jahr)
	Vertreiben (1000t bis 5000t pro Jahr)

94	Kurt Hirsch Kunststoffwerk GmbH	Tel.: 04277/2211-0
		Fax.: 04277/2211-37
	Glanegg 58	
	A 9555 Glanegg 58	Herr Albert Parth

verwertete Kunststoffe	Thermoplaste: sortenrein der Typen PS, EPS
in Form von	Formteilen, Schaumstoffen
Tätigkeiten	Aufbereiten (bis 1000t pro Jahr)
	Vertreiben (bis 1000t pro Jahr)
	Weiterverarbeitung von Rezyklat/Regenerat zu Formteilen (bis 1000t pro Jahr), zu Wärmedämm-Leichtbeton (bis 1000t pro Jahr)

95　Hoechst AG Werk Knapsack
　　　PP.-Recycling

Tel.: 02233/48-6115
Fax.: 02233/43526

D 50351 Hürth

Herr Dr. Ahlgrimm

verwertete Kunststoffe　Thermoplaste: sortenrein der Typen PP

in Form von　Mahlgut

Tätigkeiten　Vertreiben (1000t bis 5000t pro Jahr)

　　Weiterverarbeitung von Rezyklat/Regenerat zu spezif. PP-Recyclat (1000t bis 5000t pro Jahr)

96　Höku Kunststoffe

Tel.: 05271/1202
Fax.: 05271/1299

Rohrweg 33
D 37653 Höxter

Herr Kuhne

verwertete Kunststoffe　Thermoplaste: sortenrein, vermischt u. verschmutzt der Typen PVC

in Form von　Formteilen, Mahlgut

Tätigkeiten　Aufbereiten (mehr als 5000t pro Jahr)

　　Vertreiben (mehr als 5000t pro Jahr)

　　Weiterverarbeitung von Rezyklat/Regenerat zu Formteilen (mehr als 5000t pro Jahr)

97 Rupert Hofer GmbH

Andreas Hofer-Straße 8
A 6890 Lustenau

Tel.: 05577/82575
Fax.: 05577/82575-23

Herr Intemann

verwertete Kunststoffe	Thermoplaste: sortenrein u. verschmutzt der Typen PE, PP, PS, EPS, ABS, PA, POM, PC, PET, PBT, PES
	Duroplaste: sortenrein
in Form von	Folien, Formteilen, Mahlgut, Fasern
Tätigkeiten	Aufbereiten (1000t bis 5000t pro Jahr)
	Vertreiben (1000t bis 5000t pro Jahr)

98 Hoffmann + Voss GmbH

Textilstr. 5
D 41751 Viersen

Tel.: 02162/5796
Fax.: 02162/58399

Herr D. Hoffmann

verwertete Kunststoffe	Thermoplaste: sortenrein der Typen PE, EVA, PP, PS, EPS, SAN, ASA, ABS, PA, POM, PC, PPO, PMMA, PET, PBT, PES, PPS, PSU, PTFE, FEP, PFA, CA, CAB, CP
	Elastomere: sortenrein der Typen TPU, TPE
in Form von	Formteilen, Mahlgut
Tätigkeiten	Aufbereiten (mehr als 5000t pro Jahr)

99   HOH Recycling Handels GmbH   Tel.: 09141/72141
                                                        Fax.: 09141/71251
      Am Ellinger Bahnhof
      D 91792 Ellingen   Herr Höglmeier jun.

verwertete Kunststoffe	Thermoplaste: sortenrein der Typen PE, PP, PS, EPS, SAN, ABS, PA, POM, PC, PPO, PMMA, PET, PBT
in Form von	Folien, Formteilen, Mahlgut
Tätigkeiten	Aufbereiten (bis 1000t pro Jahr)
	Vertreiben (bis 1000t pro Jahr)

100   HRU - Handel Recycling Umwelttech.   Tel.: 03641/338649
       GmbH   Fax.: 03641/338649

       In der Oberaue   Herr Müller, Herr Koch
       D 07778 Dorndorf-Steudnitz

verwertete Kunststoffe	Thermoplaste: sortenrein u. vermischt der Typen PE, PP, PS, EPS, PA, POM, PET, PBT
in Form von	Folien, Formteilen, Mahlgut, Schaumstoffen
Tätigkeiten	Aufbereiten (1000t bis 5000t pro Jahr)
	Vertreiben (1000t bis 5000t pro Jahr)

101 E. Huchtemeier GmbH & Co.KG   Tel.: 0231/218441
                                            Fax.: 0231/218400
Gernotstr. 18
D 44319 Dortmund   Herr Fock

verwertete Kunststoffe	<u>Thermoplaste:</u> sortenrein, vermischt u. verschmutzt der Typen PVC, PE, PP, PS, EPS, ABS, PA, POM, PC, PPO, PET, PBT, PES, PPS, PI, PTFE, FEP, PFA
	<u>Duroplaste:</u> sortenrein u. vermischt
	<u>Elastomere:</u> sortenrein u. vermischt der Typen TPE
	<u>Altreifen:</u> sortenrein, vermischt u. verschmutzt
in Form von	Folien, Formteilen, Schaumstoffen
Tätigkeiten	<u>Aufbereiten</u> (bis 1000t pro Jahr)
	<u>Vertreiben</u> (1000t bis 5000t pro Jahr)

---

102 Huchtemeier Recycling GmbH   Tel.: 02381/75099
                                            Fax.: 02381/71947
Pferdekamp 4
D 59075 Hamm   Herr M. Köster

verwertete Kunststoffe	<u>Thermoplaste:</u> sortenrein der Typen PE, PP, PS, EPS, SAN, ABS, PA, POM, PC, PMMA, PET, PBT
	<u>Altreifen:</u> sortenrein
in Form von	Folien, Formteilen, Mahlgut
Tätigkeiten	<u>Aufbereiten</u> (bis 1000t pro Jahr)
	<u>Vertreiben</u> (bis 1000t pro Jahr)

103 Huckschlag GmbH & Co. KG

Hemsack 12
D 59174 Kamen

Tel.: 02307/7008-0
Fax.: 02307/7008-43

Frau Jaschinski

verwertete Kunststoffe	Thermoplaste: sortenrein der Typen PS, EPS
in Form von	Formteilen
Tätigkeiten	Weiterverarbeitung von Rezyklat/Regenerat zu Formteilen (1000t bis 5000t pro Jahr)

104 IATT GmbH

Marienstr. 105
D 63069 Offenbach

Tel.: 069/839001
Fax.: 069/844112

Frau Jackwirth

verwertete Kunststoffe	Thermoplaste: sortenrein der Typen PVC, PE, EVA, PP, PS, EPS, SAN, ABS, PA, POM, PC, PPO, PMMA, PET, PBT, PES, PPS
	Duroplaste: sortenrein
	Elastomere: sortenrein der Typen TPE
in Form von	Folien, Formteilen
Tätigkeiten	Aufbereiten (bis 1000t pro Jahr)
	Vertreiben (bis 1000t pro Jahr)
	Weiterverarbeitung von Rezyklat/Regenerat zu Folien (bis 1000t pro Jahr), zu Formteilen (bis 1000t pro Jahr)

105 IKR - Kunststoffrecycling GmbH

Eisenbahnstr. 43
D 74360 Auenstein

Tel.: 07062/61010
Fax.: 07062/61149

Herr Rescher

verwertete Kunststoffe	Thermoplaste: sortenrein u. vermischt der Typen PP, PS, EPS, SAN, ASA, ABS, PA, POM, PC, PPO, PMMA, PET, PBT, PES, PPS, PSU, PI, PTFE, FEP, PFA, CA, CAB, CP
in Form von	Formteilen, Mahlgut
Tätigkeiten	Aufbereiten (1000t bis 5000t pro Jahr)
	Vertreiben (1000t bis 5000t pro Jahr)

---

106 Implex GmbH

Postfach 1620
D 57290 Neunkirchen

Tel.: 02735/762-0
Fax.: 02735/762-23

Herr D. Knautz

verwertete Kunststoffe	Duroplaste: sortenrein der Typen MF, PF, MPF, UP
in Form von	Formteilen, Mahlgut, Angußmaterial
Tätigkeiten	Aufbereiten (bis 1000t pro Jahr)
	Weiterverarbeitung von Rezyklat/Regenerat zu Formteilen (bis 1000t pro Jahr)

107 Industrie Service Lukas

Essener Str. 259
D 46047 Oberhausen

Tel.: 0208/889394
Fax.: 0208/879642

Herr Rauenschwender

verwertete Kunststoffe	Thermoplaste: sortenrein der Typen PVC, PE, PP, PS, EPS, ABS, PA, POM, PC, PPO, PMMA, PET, PBT
in Form von	Formteilen, Mahlgut, Rohre
Tätigkeiten	Aufbereiten (1000t bis 5000t pro Jahr)
	Vertreiben (1000t bis 5000t pro Jahr)

108 Intraplast Recycling GmbH

Landwehrstr. 39
D 32791 Lage

Tel.: 05232/710-35 bis 37
Fax.: 05232/7751

Herr Schlinker

verwertete Kunststoffe	Thermoplaste: sortenrein der Typen PVC, PE, EVA, PP, PS, EPS, SAN, ASA, ABS, PA, POM, PC, PPO, PMMA, PET, PBT, PES, PPS, PSU, PI, PTFE, FEP, PFA, CA, CAB, CP
	Elastomere: sortenrein der Typen TPU, TPE
in Form von	Folien, Formteilen, Mahlgut, Fasern
Tätigkeiten	Aufbereiten (1000t bis 5000t pro Jahr)
	Vertreiben (mehr als 5000t pro Jahr)

109 Inuma GmbH Tel.: 04961/978926
Fax.: 04961/978940

Flachsmeerstr. 36-38
D 26871 Papenburg

Herr Klaus Tschierschke

verwertete Kunststoffe	Thermoplaste: sortenrein, vermischt u. verschmutzt der Typen PE, PP, PS, EPS
in Form von	Folien, Formteilen, Mahlgut
Tätigkeiten	Aufbereiten (1000t bis 5000t pro Jahr)
	Vertreiben (1000t bis 5000t pro Jahr)
	Weiterverarbeitung von Rezyklat/Regenerat zu Formteilen (bis 1000t pro Jahr)

110 ITP GmbH &Co. KG Tel.: 089/779096
Fax.: 089/7254297

Platenstr. 1
D 80336 München

Herr Biffar

verwertete Kunststoffe	Thermoplaste: sortenrein, vermischt u. verschmutzt der Typen PVC, PE, EVA, PP, PS, EPS, ASA, ABS
	Duroplaste: sortenrein, vermischt u. verschmutzt
	Elastomere: sortenrein, vermischt u. verschmutzt der Typen TPE
	Altreifen: sortenrein, vermischt u. verschmutzt
in Form von	Folien, Formteilen, Mahlgut
Tätigkeiten	Aufbereiten (mehr als 5000t pro Jahr)
	Vertreiben (mehr als 5000t pro Jahr)
	Weiterverarbeitung von Rezyklat/Regenerat zu Formteilen (mehr als 5000t pro Jahr), zu Verbundwerkstoffen (mehr als 5000t pro Jahr)

111 Monika Jäger Tel.: 02902/3642
  Fax.: 02902/1413
  Südring 3
  D 59581 Warstein Herr Jäger

verwertete Kunststoffe	Thermoplaste: sortenrein, vermischt u. verschmutzt der Typen PVC, PE, EVA, PP, PS, EPS, SAN, ASA, ABS, PA, POM, PC, PPO, PMMA
in Form von	Folien, Formteilen, Mahlgut, Fasern
Tätigkeiten	Aufbereiten (mehr als 5000t pro Jahr)
	Vertreiben (mehr als 5000t pro Jahr)
	Weiterverarbeitung von Rezyklat/Regenerat zu Folien (bis 1000t pro Jahr), zu Formteilen (bis 1000t pro Jahr)

112 Janßen & Angenendt GmbH Tel.: 02151/496-0
  Technische Kunststoff-Rohstoffe Fax.: 02151/496-111
  Elbestr. 29a
  D 47800 Krefeld

verwertete Kunststoffe	Thermoplaste: sortenrein der Typen PP, PS, EPS, SAN, ABS, PA, POM, PC, PPO, PMMA, PET, PBT
	Elastomere: sortenrein der Typen TPU, TPE
in Form von	Formteilen, Mahlgut, Fasern
Tätigkeiten	Aufbereiten (mehr als 5000t pro Jahr)
	Vertreiben (mehr als 5000t pro Jahr)
	Weiterverarbeitung von Rezyklat/Regenerat zu Platten, Profilen (bis 1000t pro Jahr)

113   Jara-Profile Speckmann GmbH   Tel.: 05731/41450
                                              Fax.: 05731/41650
         Brückenstr. 93
         D 32584 Löhne   Herr Tönnies

verwertete Kunststoffe	Thermoplaste: sortenrein der Typen PVC
in Form von	Mahlgut
Tätigkeiten	Weiterverarbeitung von Rezyklat/Regenerat zu Formteilen (bis 1000t pro Jahr)

114   JMH Bosch Kunststof-Recycling GmbH   Tel.: 07195/5094
                                                Fax.: 07195/57266
         Dammstraße 3
         D 71409 Schwaikheim   Herr M. Bosch

verwertete Kunststoffe	Thermoplaste: sortenrein, vermischt u. verschmutzt der Typen PE
in Form von	Folien, Formteilen, Mahlgut
Tätigkeiten	Aufbereiten (1000t bis 5000t pro Jahr)
	Vertreiben (1000t bis 5000t pro Jahr)
	Weiterverarbeitung von Rezyklat/Regenerat zu Formteilen (1000t bis 5000t pro Jahr)

115 Joma Dämmstoffwerk

Jomaplatz
D 87752 Holzgünz

Tel.: 08393/78-0
Fax.: 08393/78-55

Herr Kirschmayer

verwertete Kunststoffe	Thermoplaste: sortenrein der Typen PS, EPS
in Form von	Schaumstoffen
Tätigkeiten	Weiterverarbeitung von Rezyklat/Regenerat zu Formteilen (bis 1000t pro Jahr)

116 Kabelrecycling Liebenwalde GmbH

Am Kietz 9
D 16559 Liebenwalde

Tel.: 033054-248
Fax.: 033054-249

Herr H.P. Zmrziy

verwertete Kunststoffe	Thermoplaste: vermischt der Typen PVC, PE
	Elastomere: vermischt
in Form von	Kabelabfälle
Tätigkeiten	Aufbereiten (mehr als 5000t pro Jahr)
	Weiterverarbeitung von Rezyklat/Regenerat zu Formteilen (bis 1000t pro Jahr)

117   **Hans Kaim GmbH**   Tel.: 09382/8666
                                             Fax.: 09382/4350

Schallfelder Weg 1
D 97516 Oberschwarzach   Herr Kaim jun., Frau Güdü

verwertete Kunststoffe	Thermoplaste: sortenrein der Typen PVC
in Form von	Folien, Formteilen, Mahlgut
Tätigkeiten	Weiterverarbeitung von Rezyklat/Regenerat zu Formteilen (bis 1000t pro Jahr)

118   **KGF Kunststoff Gmbh Friedrichshagen**   Tel.: 0306446258
                                             Fax.: 0306452981

Ahornallee 40
D 12587 Berlin   Frau Wolter

verwertete Kunststoffe	Thermoplaste: sortenrein der Typen PP, ABS
in Form von	Regranulat
Tätigkeiten	Weiterverarbeitung von Rezyklat/Regenerat zu Formteilen (bis 1000t pro Jahr)

119 KGM

Am Bildstöckle
D 77790 Steinach

Tel.: 07832/8415
Fax.: 07832/8583

Herr Ramusch

verwertete Kunststoffe	Thermoplaste: sortenrein, vermischt u. verschmutzt der Typen PVC, PE, EVA, PP, PS, EPS, ABS, PA, POM, PC, PPO, PMMA, PET, PBT, PES, PPS, PTFE, FEP, PFA
in Form von	Folien, Formteilen, Mahlgut
Tätigkeiten	Aufbereiten (mehr als 5000t pro Jahr)
	Vertreiben (mehr als 5000t pro Jahr)

120 KHA GmbH

Leuna Werk 2, Bau 3708a
D 06217 Merseburg

Tel.: 03461/432469
Fax.: 03461/432686

Herr Merkel

verwertete Kunststoffe	Thermoplaste: sortenrein u. verschmutzt der Typen PE
in Form von	Folien
Tätigkeiten	Aufbereiten (1000t bis 5000t pro Jahr)
	Vertreiben (1000t bis 5000t pro Jahr)
	Weiterverarbeitung von Rezyklat/Regenerat zu Folien (1000t bis 5000t pro Jahr)

121   **Wilhelm Kimmel GmbH & Co. KG**   Tel.: 035971/870
Fax.: 035971/87229

Postfach 58
D 01851 Sebnitz   Herr Kranold

verwertete Kunststoffe	Thermoplaste: sortenrein der Typen PS, EPS, PA
in Form von	Formteilen, Mahlgut, Fasern
Tätigkeiten	Aufbereiten (1000t bis 5000t pro Jahr)
	Vertreiben (1000t bis 5000t pro Jahr)

---

122   **Kitty-Plast K.E. Kistler**   Tel.: 07432/8190
Fax.: 07432/14488

Martin-Luther-Str. 26
D 72461 Albstadt   Herr Kistler

verwertete Kunststoffe	Thermoplaste: sortenrein der Typen PP
in Form von	Formteilen
Tätigkeiten	Aufbereiten (bis 1000t pro Jahr)
	Vertreiben (bis 1000t pro Jahr)
	Weiterverarbeitung von Rezyklat/Regenerat zu Formteilen (bis 1000t pro Jahr)

123 KKK GmbH

Sachsendorfer Str.
D 04808 Streuben

Tel.: 034261/393
Fax.: 034261/393

Herr Keller

verwertete Kunststoffe	Thermoplaste: sortenrein u. verschmutzt der Typen PVC, PE, PP, PS, EPS
in Form von	Folien, Formteilen
Tätigkeiten	Aufbereiten (1000t bis 5000t pro Jahr)
	Vertreiben (1000t bis 5000t pro Jahr)

124 KKR GmbH

Oed
D 83361 Kienberg

Tel.: 08628/684
Fax.: 08628/755

Herr Matuschek, Frau Bernauer

verwertete Kunststoffe	Thermoplaste: sortenrein u. verschmutzt der Typen PVC, PE, PP, PS, EPS
in Form von	Folien, Formteilen
Tätigkeiten	Aufbereiten (1000t bis 5000t pro Jahr)
	Vertreiben (1000t bis 5000t pro Jahr)

125　　**Theo Kleiner Recycling GmbH**　　　　Tel.: 06331/51390
　　　　　　　　　　　　　　　　　　　　　　　　Fax.: 06331/12538
　　　　　Zeppelinstr. 148
　　　　　D 66953 Pirmasens　　　　　　　　　Herr Schütz

verwertete　　Thermoplaste: vermischt
Kunststoffe
　　　　　　　　Duroplaste: vermischt

　　　　　　　　Altreifen: vermischt

in Form von　　k.a.

Tätigkeiten　　k.a.

126　　**Kohli Chemie GmbH**　　　　　　Tel.: 0228/353061
　　　　　　　　　　　　　　　　　　　　　　　　Fax.: 0228/361910
　　　　　Rolandstraße 1-3
　　　　　D 53179 Bonn　　　　　　　　　　　Herr Kohli, Frau Chlosta

verwertete
Kunststoffe

in Form von　　Folien, Formteilen, Mahlgut

Tätigkeiten　　Aufbereiten (1000t bis 5000t pro Jahr)

　　　　　　　　Vertreiben (mehr als 5000t pro Jahr)

127   Kolthoff GmbH   Tel.: 04953/1303
                                     Fax.: 04953/6235

         Lindenstr. 3
         D 26831 Bunde   Herr Kolthoff

verwertete   Thermoplaste: sortenrein u. verschmutzt der Typen PVC, PE, PP,
Kunststoffe   ABS

in Form von   Folien, Formteilen, Mahlgut

Tätigkeiten   Aufbereiten (1000t bis 5000t pro Jahr)

                 Vertreiben (1000t bis 5000t pro Jahr)

---

128   KPV - GmbH   Tel.: 06247/6171 u. 6127
                                     Fax.: 06108/6184

         Weinbergerstr. 25
         D 67591 Mörstadt   Herr Uwe Heuschkel

verwertete   Thermoplaste: sortenrein, vermischt u. verschmutzt der Typen PE,
Kunststoffe   PP, PS, EPS, SAN, ASA, ABS, PA, PC, PPO, PMMA, PET, PBT,
                 PES, PPS, PSU, PI, CA, CAB, CP

                 Duroplaste: sortenrein, vermischt u. verschmutzt der Typen PUR

in Form von   Folien, Formteilen, Mahlgut, Schaumstoffen, Fasern,
                 Verbundmaterial

Tätigkeiten   Aufbereiten (1000t bis 5000t pro Jahr)

                 Vertreiben (1000t bis 5000t pro Jahr)

                 Weiterverarbeitung von Rezyklat/Regenerat zu Fertigprodukten
                 (1000t bis 5000t pro Jahr)

129 KRB Kunststoffe GmbH

Rudolf-Diesel-Str. 12
D 22941 Bargteheide

Tel.: 04532/7445
Fax.: 04532/24599

Herr Hausig

verwertete Kunststoffe	Thermoplaste: sortenrein der Typen PE, PP, PS, EPS, SAN, ABS, PA
in Form von	Formteilen, Mahlgut, Schaumstoffen
Tätigkeiten	Aufbereiten (1000t bis 5000t pro Jahr)
	Vertreiben (1000t bis 5000t pro Jahr)

130 Kunststoffe-Kremer

Am Plänksken 1
D 47809 Krefeld - Linn

Tel.: 02151/520011
Fax.: 02151/570138

Herr Kremer

verwertete Kunststoffe	Thermoplaste: sortenrein der Typen PVC, PS, EPS
in Form von	Folien
Tätigkeiten	Aufbereiten (bis 1000t pro Jahr)
	Weiterverarbeitung von Rezyklat/Regenerat zu Folien (bis 1000t pro Jahr)

131 KRS GmbH

Ackerstr. 36
D 32051 Herford

Tel.: 05221/56796
Fax.: 05221/55839

Herr Ermshaus

verwertete Kunststoffe	Thermoplaste: sortenrein der Typen PS, EPS, PC, PMMA
in Form von	Formteilen
Tätigkeiten	Aufbereiten (bis 1000t pro Jahr)
	Vertreiben (bis 1000t pro Jahr)

132 Krumbeck GmbH

Bosch-Straße 17
D 48703 Stadtlohn

Tel.: 02563/5630
Fax.: 02563/5373

Herr Krumbeck

verwertete Kunststoffe	Thermoplaste: sortenrein der Typen PVC, PET, PBT
in Form von	Folien, Mahlgut
Tätigkeiten	Vertreiben 00
	Weiterverarbeitung von Rezyklat/Regenerat zu Folien (1000t bis 5000t pro Jahr)

133 Kruschitz Werner   Tel.: 04232/3939-0
                                      Fax.: 04232/3939-20

Diexerstraße 4
A 9100 Völkermarkt   Herr Kruschitz

verwertete Kunststoffe	Thermoplaste: sortenrein, vermischt u. verschmutzt der Typen PVC, PE, EVA, PP, PS, EPS, SAN, ASA, ABS, PA, POM, PC, PPO, PMMA, PET, PBT, PPS, CA, CAB, CP
in Form von	Folien, Formteilen, Mahlgut, Fasern
Tätigkeiten	Aufbereiten (1000t bis 5000t pro Jahr)
	Vertreiben (mehr als 5000t pro Jahr)

---

134 KTP Kunststofftechnik u. Prod. GmbH   Tel.: 06806/1200-2 u. 3
                                                 Fax.: 06806/1200-4

Am Bahnhof 13
D 66265 Heusweiler   Herr Wintrich

verwertete Kunststoffe	Thermoplaste: vermischt u. verschmutzt der Typen PE, PP, PS, EPS
in Form von	Folien, Formteilen
Tätigkeiten	Weiterverarbeitung von Rezyklat/Regenerat zu Formteilen (1000t bis 5000t pro Jahr)

135   **KV + R GmbH**   Tel.: 02682/6030
                                               Fax.: 02682/6043

        Marientaler Straße 15
        D 57539 Breitscheidt   Herr Koch

verwertete Kunststoffe	<u>Thermoplaste:</u> vermischt u. verschmutzt der Typen PS, EPS
in Form von	Schaumstoffen
Tätigkeiten	<u>Aufbereiten</u> (bis 1000t pro Jahr)
	<u>Vertreiben</u> (bis 1000t pro Jahr)
	<u>Weiterverarbeitung</u> von Rezyklat/Regenerat zu Formteilen (bis 1000t pro Jahr)

136   **KVR K.-Verwert. Rickenbach GmbH &**   Tel.: 07765/8126
        Co. KG   Fax.: 07765/8229

        Zelgle 4
        D 79736 Rickenbach   Herr J. Vogt

verwertete Kunststoffe	<u>Thermoplaste:</u> vermischt u. verschmutzt der Typen PE, PP, PS, EPS
in Form von	Folien, DSD-Abfälle
Tätigkeiten	<u>Aufbereiten</u> (1000t bis 5000t pro Jahr)
	<u>Vertreiben</u> (1000t bis 5000t pro Jahr)
	<u>Weiterverarbeitung</u> von Rezyklat/Regenerat zu Formteilen (bis 1000t pro Jahr)

137 Kyonax Corporation

Tel.: 022/784-2800
Fax.: 022/784-1668

P.O. Box 80
CH 1255 Veyrier-Genf

verwertete Kunststoffe	Thermoplaste: sortenrein der Typen PVC, PE, PP
	Elastomere: vermischt der Typen TPE
in Form von	Folien, Mahlgut
Tätigkeiten	Aufbereiten (bis 1000t pro Jahr)
	Weiterverarbeitung von Rezyklat/Regenerat zu Folien (bis 1000t pro Jahr)

138 Manfred Leibold

Tel.: 09179/1329
Fax.: 09179/2027

Ohausener Str. 30
D 92342 Freystadt-Forchheim

verwertete Kunststoffe	Thermoplaste: sortenrein der Typen PE, PP, PS, EPS, SAN, ABS, PA, PC
in Form von	Folien, Formteilen, Mahlgut
Tätigkeiten	Aufbereiten (mehr als 5000t pro Jahr)
	Vertreiben (mehr als 5000t pro Jahr)

139   **LER - Lausitzer Entsorgung u. Rec. GmbH**   Tel.: 03364/38262
Fax.: 03364/32694

Postfach 21
D 15890 Eisenhüttenstadt

Herr Zernitzky

verwertete Kunststoffe	Thermoplaste: sortenrein, vermischt u. verschmutzt der Typen PVC, PE, EVA, PP, PS, EPS, SAN, ASA, ABS, PA, POM, PC, PPO, PMMA, PET, PBT, PES, PPS, PSU, PI, PTFE, FEP, PFA, CA, CAB, CP
	Duroplaste: sortenrein, vermischt u. verschmutzt der Typen MF, PF, MPF, UP
	Altreifen: sortenrein
in Form von	Folien, Formteilen, Mahlgut, Schaumstoffen, Fasern
Tätigkeiten	Aufbereiten (mehr als 5000t pro Jahr)
	Weiterverarbeitung von Rezyklat/Regenerat zu Folien (mehr als 5000t pro Jahr), zu Formteilen (mehr als 5000t pro Jahr)

---

140   **K.-Recycling Bruno Lettau**   Tel.: 02642/7598
Fax.: 02642/45432

Industriegebiet (Veba-Glas)
D 53498 Bad Breisig

verwertete Kunststoffe	Thermoplaste: sortenrein der Typen PE, PP, PS, EPS, SAN, ABS, PA, POM, PC
in Form von	Formteilen, Mahlgut
Tätigkeiten	Aufbereiten (1000t bis 5000t pro Jahr)
	Vertreiben (1000t bis 5000t pro Jahr)

141 Litter Pac GmbH Tel.: 02154/427288
Fax.: 02154/427674

Daimlerstraße 18
D 47877 Willich Fr. Romatowski, Hr. Eichstaedt

verwertete Kunststoffe	Thermoplaste: sortenrein der Typen PA
in Form von	Folien, Fasern, Filz, Monofile
Tätigkeiten	Aufbereiten (1000t bis 5000t pro Jahr)
	Vertreiben (1000t bis 5000t pro Jahr)

---

142 LKR - Lohner Kunststoffrecycling GmbH Tel.: 04442/6579
Fax.: 04442/71810

Klärstr. 6
D 49393 Lohne Herr Wilming

verwertete Kunststoffe	Thermoplaste: sortenrein der Typen PE, PP, PS, EPS, SAN, ABS, PA, POM, PC, PPS
in Form von	Formteilen, Mahlgut
Tätigkeiten	Aufbereiten (1000t bis 5000t pro Jahr)
	Vertreiben (1000t bis 5000t pro Jahr)

143 LPK-plarecy-Kunststoffbeton GmbH

Gewerbegebiet
D 07806 Weira

Tel.: 036484/5160
Fax.: 036484/5162

Herr Krüger

verwertete Kunststoffe	Thermoplaste: vermischt u. verschmutzt der Typen PVC, PE, ABS, PA, PET, PBT, PES, PTFE, FEP, PFA
	Duroplaste: vermischt u. verschmutzt
in Form von	Formteilen, Mahlgut
Tätigkeiten	Aufbereiten (mehr als 5000t pro Jahr)
	Weiterverarbeitung von Rezyklat/Regenerat zu Kunststoffbeton (mehr als 5000t pro Jahr)

144 Mekaplast Warenhandelsges. mbH

Industriezone Ost
A 9111 Haimburg

Tel.: 04232/3939-0
Fax.: 04232/3939-20

Herr Kruschitz

verwertete Kunststoffe	Thermoplaste: sortenrein, vermischt u. verschmutzt der Typen PVC, PE, EVA, PP, PS, EPS, SAN, ASA, ABS, PA, POM, PC, PPO, PMMA, PET, PBT, PES, PPS, CA, CAB, CP
	Elastomere: sortenrein, vermischt u. verschmutzt der Typen TPU, TPE
in Form von	Folien, Formteilen, Mahlgut, Schaumstoffen, Fasern
Tätigkeiten	Aufbereiten (mehr als 5000t pro Jahr)
	Vertreiben (mehr als 5000t pro Jahr)
	Weiterverarbeitung von Rezyklat/Regenerat zu Folien (mehr als 5000t pro Jahr), zu Formteilen (mehr als 5000t pro Jahr), zu Verbundwerkstoffen (mehr als 5000t pro Jahr)

145 Meltorec GmbH & Co. KG

Postfach 3064
D 49020 Osnabrück

Tel.: 0541/37937
Fax.: 0541/3800324

Herr Brockschmidt

verwertete Kunststoffe	Thermoplaste: sortenrein der Typen PE
in Form von	Folien
Tätigkeiten	Aufbereiten (1000t bis 5000t pro Jahr)
	Vertreiben (1000t bis 5000t pro Jahr)

146 Metzeler Schaum GmbH

Donaustr. 51
D 87700 Memmingen

Tel.: 08331/17-397
Fax.: 08331/17-277

Herr Dr. Hein

verwertete Kunststoffe	Duroplaste: sortenrein der Typen PUR
in Form von	Formteilen, Mahlgut, Schaumstoffen
Tätigkeiten	Aufbereiten (1000t bis 5000t pro Jahr)
	Vertreiben (1000t bis 5000t pro Jahr)
	Weiterverarbeitung von Rezyklat/Regenerat zu Formteilen (1000t bis 5000t pro Jahr), zu Verbundwerkstoffen (1000t bis 5000t pro Jahr)

147 Mikro-Technik GmbH & Co. KG Tel.: 09371/4005-92
Fax.: 09371/4005-70
Postfach 1640
D 63886 Miltenberg-Bürgstadt H. Dr. Golsch

verwertete Kunststoffe	Thermoplaste: sortenrein der Typen PTFE, FEP, PFA
in Form von	k.a.
Tätigkeiten	Aufbereiten (bis 1000t pro Jahr)
	Vertreiben (bis 1000t pro Jahr)
	Weiterverarbeitung von Rezyklat/Regenerat zu Folien (bis 1000t pro Jahr), zu Formteilen (bis 1000t pro Jahr), zu Halbzeug (bis 1000t pro Jahr)

148 Minger Kunststofftechnik AG Tel.: 072/461036
Fax.: 072/461367
Bahnhofstraße 28
CH 8572 Berg Herr M. Minger

verwertete Kunststoffe	Thermoplaste: sortenrein der Typen PE, PP, PS, EPS, PPO, PES, PPS, PSU, PTFE, FEP, PFA
	Elastomere: sortenrein der Typen TPE
in Form von	Folien, Formteilen, Mahlgut, Fasern, Halbzeug, Platten
Tätigkeiten	Aufbereiten (1000t bis 5000t pro Jahr)
	Vertreiben (1000t bis 5000t pro Jahr)
	Weiterverarbeitung von Rezyklat/Regenerat zu Formteilen (1000t bis 5000t pro Jahr), zu Rohren (1000t bis 5000t pro Jahr)

149 Mitras Kunststoffe GmbH

Marburgerstr. 20
D 92637 Weiden

Tel.: 0961/89-467
Fax.: 0961/89-380

Herr Klaus Uwe Reiß

verwertete Kunststoffe	Thermoplaste: sortenrein der Typen PE, PP, PS, EPS, ASA, ABS, PC
	Duroplaste: sortenrein der Typen GF-UP
in Form von	Folien, Formteilen, Mahlgut
Tätigkeiten	Aufbereiten (1000t bis 5000t pro Jahr)
	Weiterverarbeitung von Rezyklat/Regenerat zu Formteilen (bis 1000t pro Jahr), zu Platten/Extrusion (1000t bis 5000t pro Jahr)

150 MKV Metall- u. Kunststoffverw. GmbH

Siemensstr. 5
D 65779 Kelkheim

Tel.: 06195/5005 u. 5006
Fax.: 06195/3434

H. Zies jun., Frau Stahl

verwertete Kunststoffe	Thermoplaste: sortenrein der Typen PE, EVA, PP, PS, EPS, SAN, ASA, ABS, PA, POM, PC, PPO, PMMA, PET, PBT, PES, PSU
in Form von	Folien, Formteilen, Mahlgut, Fasern
Tätigkeiten	Aufbereiten (1000t bis 5000t pro Jahr)
	Vertreiben (1000t bis 5000t pro Jahr)

151 Mössmer GmbH & Co. Tel.: 07542/52022
Fax.: 07542/53239

Postfach 1453
D 88063 Tettnang

Herr Dierlmaier

verwertete Kunststoffe	Thermoplaste: sortenrein der Typen PS, EPS
in Form von	Schaumstoffen
Tätigkeiten	Aufbereiten (1000t bis 5000t pro Jahr)
	Vertreiben (1000t bis 5000t pro Jahr)

152 Moosmann GmbH & Co. Tel.: 0751/370617
Fax.: 0751/370645

Wilhelm Hauff Str. 41
D 88214 Ravensburg

Herr Walter Lutz

verwertete Kunststoffe	Thermoplaste: sortenrein der Typen PE, PP, PS, EPS, PET, PBT
	Elastomere: sortenrein der Typen TPU, TPE
in Form von	Folien, Formteilen, Mahlgut, Schaumstoffen
Tätigkeiten	Aufbereiten (bis 1000t pro Jahr)
	Vertreiben (bis 1000t pro Jahr)

153   M+S Kunststoffe u. Recycling GmbH   Tel.: 05154/9320
                                                   Fax.: 05154/93266

Ernst Starke Str. 4
D 31855 Aerzen/Reher   Herr Joachim Meyer

verwertete Kunststoffe	Thermoplaste: sortenrein der Typen PVC, PE, PP, ABS
in Form von	Folien, Formteilen, Mahlgut, Fasern
Tätigkeiten	Aufbereiten (bis 1000t pro Jahr)
	Vertreiben (1000t bis 5000t pro Jahr)

---

154   Muehlstein International GmbH   Tel.: 040/227029-0
                                                   Fax.: 040/2201212

Winterhuder Weg 27
D 22085 Hamburg   Herr Otzen

verwertete Kunststoffe	Thermoplaste: sortenrein der Typen PVC, PE, PP, PS, EPS, ABS, PA, POM, PC, PMMA
in Form von	Folien, Mahlgut
Tätigkeiten	Vertreiben (mehr als 5000t pro Jahr)

155 Müller - Rohr GmbH & Co. KG   Tel.: 036481/3063
                                         Fax.: 036481/3063
Am unteren Gries 7
D 07803 Neustadt (Orla)   Frau Irene Müller

verwertete Kunststoffe	Thermoplaste: sortenrein, vermischt u. verschmutzt der Typen PVC, PE, PP, PS, EPS, SAN, ABS, PA, POM, PC, PMMA, PPS
in Form von	Formteilen, Mahlgut
Tätigkeiten	Aufbereiten (mehr als 5000t pro Jahr)
	Weiterverarbeitung von Rezyklat/Regenerat zu Formteilen (1000t bis 5000t pro Jahr), zu Verbundwerkstoffen (1000t bis 5000t pro Jahr)

156 Multi Kunststoff GmbH   Tel.: 040/684949
                                         Fax.: 040/6526362
Brauhausstieg 15-17
D 22041 Hamburg   Herr Rust

verwertete Kunststoffe	Thermoplaste: sortenrein der Typen PE, EVA, PP, PS, EPS, SAN, ASA, ABS, PA, POM, PC, PPO, PMMA, PET, PBT
in Form von	Mahlgut
Tätigkeiten	Vertreiben (bis 1000t pro Jahr)

157 Multi-Produkt GmbH Tel.: 06103/73051
Fax.: 06103/74882

Raiffeisenstraße 12
D 63225 Langen Herr Dornburg

verwertete Kunststoffe	Thermoplaste: vermischt der Typen PE, PP, PS, EPS, ABS, PA, PET, PBT
	Duroplaste: vermischt
in Form von	Folien, Mahlgut, Schaumstoffen
Tätigkeiten	Aufbereiten (mehr als 5000t pro Jahr)
	Vertreiben (1000t bis 5000t pro Jahr)
	Weiterverarbeitung von Rezyklat/Regenerat zu Formteilen (1000t bis 5000t pro Jahr), zu Profilen (1000t bis 5000t pro Jahr)

158 Multiport Recycling GmbH Tel.: 03471/21047
Fax.: 03471/22148

Ernst Grube Straße 1
D 06406 Bernburg Herr Erwin Stalder

verwertete Kunststoffe	Thermoplaste: sortenrein, vermischt u. verschmutzt der Typen PE, PP, PS, EPS, ABS, PA, POM, PC
in Form von	Folien, Formteilen, Mahlgut
Tätigkeiten	Aufbereiten (1000t bis 5000t pro Jahr)
	Vertreiben (1000t bis 5000t pro Jahr)
	Weiterverarbeitung von Rezyklat/Regenerat zu Formteilen (1000t bis 5000t pro Jahr), zu Profilen (bis 1000t pro Jahr)

159	Nordenia Verpackungswerke GmbH	Tel.: 05492/88500
		Fax.: 05492/88555
	Am Tannenkamp 21	
	D 49439 Steinfeld	Herr Kröger

verwertete Kunststoffe	Thermoplaste: sortenrein u. verschmutzt der Typen PE
in Form von	Folien
Tätigkeiten	Aufbereiten (mehr als 5000t pro Jahr)
	Vertreiben (1000t bis 5000t pro Jahr)
	Weiterverarbeitung von Rezyklat/Regenerat zu Folien (mehr als 5000t pro Jahr)

160	S. Occhipinti GmbH	Tel.: 02351/45074 u. 75
		Fax.: 02351/45407
	Jüngerstraße 17	
	D 58515 Lüdenscheid	Herr Occhipinti

verwertete Kunststoffe	Thermoplaste: sortenrein der Typen ABS, PA, POM, PC, PPO, PMMA, PET, PBT, PES, PPS
in Form von	Formteilen, Mahlgut, Produktionsabfälle
Tätigkeiten	Aufbereiten (1000t bis 5000t pro Jahr)
	Vertreiben (1000t bis 5000t pro Jahr)
	Weiterverarbeitung von Rezyklat/Regenerat zu Mahlgut (1000t bis 5000t pro Jahr)

161 Odenwälder Kunststoffwerk Tel.: 096281/402-66
Dr. Herbert Schneider GmbH & Co. KG Fax.: 06281/402-14
Freidrich-List-Straße 1
D 74722 Buchen Herr Alois Schmidt

verwertete Kunststoffe	Thermoplaste: sortenrein der Typen PVC, ABS, PA, POM, PC, PPO
	Elastomere: sortenrein der Typen TPE
in Form von	Mahlgut
Tätigkeiten	Vertreiben (bis 1000t pro Jahr)
	Weiterverarbeitung von Rezyklat/Regenerat zu Formteilen (bis 1000t pro Jahr)

162 ÖKR-Österr. K.-Recyclingges. mbH Tel.: 02622/24362-0
  Fax.: 02622/24362-20
Neunkirschner Straße 119
A 2700 Wr. Neustadt Herr Eppinger

verwertete Kunststoffe	Thermoplaste: sortenrein, vermischt u. verschmutzt der Typen PE, PP, PS, EPS, ABS, PET, PBT
in Form von	Folien, Formteilen, Mahlgut, Gebinden, Flaschen
Tätigkeiten	Aufbereiten (mehr als 5000t pro Jahr)
	Vertreiben (mehr als 5000t pro Jahr)

163 Oerder Kunststoff u. Recycling   Tel.: 02206/83184
                                               Fax.: 02206/83185
   Zur Kaule 4
   D 51491 Overath   Herr Oerder

verwertete Kunststoffe	Thermoplaste: sortenrein der Typen PS, EPS, ABS, PA, PC
in Form von	Formteilen
Tätigkeiten	Aufbereiten (1000t bis 5000t pro Jahr)
	Vertreiben (1000t bis 5000t pro Jahr)

---

164 OKUV Blaimschein KG   Tel.: 07227/8117
                                               Fax.: 07227/8239
   Oberschöfring 10
   A 4502 St. Marien   Herr Andreas Blaimschein

verwertete Kunststoffe	Thermoplaste: sortenrein der Typen PE, PP, PS, EPS, SAN, ASA, ABS, PC
in Form von	Folien, Formteilen, Mahlgut
Tätigkeiten	Aufbereiten (1000t bis 5000t pro Jahr)
	Vertreiben (1000t bis 5000t pro Jahr)

165 Omnifol Kraus GmbH

Industriestraße 7
D 52382 Niederzier

Tel.: 02428/6707
Fax.: 02428/6487

Herr Kraus sen.

verwertete Kunststoffe	Thermoplaste: sortenrein der Typen PVC, PE, PP, PS, EPS, ABS, PC
in Form von	Formteilen, Mahlgut
Tätigkeiten	Aufbereiten (bis 1000t pro Jahr)
	Vertreiben (bis 1000t pro Jahr)
	Weiterverarbeitung von Rezyklat/Regenerat zu Folien (1000t bis 5000t pro Jahr)

166 Pal-Plast GmbH

Lämmerspielerstr. 8
D 63165 Mühlheim

Tel.: 06108/73787
Fax.: 06108/77676

Herr Wirnik

verwertete Kunststoffe	Thermoplaste: sortenrein der Typen PVC, PE, EVA, PP, PS, EPS, SAN, ASA, ABS, PA, POM, PC, PPO, PMMA, PET, PBT, PES, PPS
in Form von	Folien, Formteilen, Mahlgut
Tätigkeiten	Aufbereiten (1000t bis 5000t pro Jahr)
	Vertreiben (1000t bis 5000t pro Jahr)

167   Paletti Palettensystemtechnik GmbH   Tel.: 05731/96232
                                                                     Fax.: 05731/980381

Hubertusstr. 34
D 32547 Bad Oeynhausen   Herr Strahl

verwertete Kunststoffe	Thermoplaste: sortenrein, vermischt u. verschmutzt der Typen PVC, PE, EVA, PP, PS, EPS, SAN, ASA, ABS, PA, POM, PC, PPO, PMMA, PET, PBT, PES, PPS, PSU, PTFE, FEP, PFA, CA, CAB, CP
	Duroplaste: sortenrein, vermischt u. verschmutzt
in Form von	Folien, Formteilen, Mahlgut, Fasern
Tätigkeiten	Aufbereiten (1000t bis 5000t pro Jahr)
	Weiterverarbeitung von Rezyklat/Regenerat zu Formteilen (1000t bis 5000t pro Jahr)

---

168   Para-Chemie GmbH   Tel.: 02234/2241
                                                      Fax.: 02234/2241-5

Hauptstraße 53
A 2440 Gramatneusiedl   Herr Dr. Schola

verwertete Kunststoffe	Thermoplaste: sortenrein der Typen PMMA
in Form von	Formteilen, Mahlgut
Tätigkeiten	Aufbereiten (1000t bis 5000t pro Jahr)
	Weiterverarbeitung von Rezyklat/Regenerat zu MMA (1000t bis 5000t pro Jahr)

169 PE-Recycling, J. Luft Tel.: 07222/81417
 Fax.: -

 Draisstr. 8
 D 76461 Muggensturm

verwertete Kunststoffe	Thermoplaste: sortenrein, vermischt u. verschmutzt der Typen PE
in Form von	Folien
Tätigkeiten	Vertreiben (1000t bis 5000t pro Jahr)

170 Peku-Kunststoff Recycling GmbH Tel.: 0511/772073
 Fax.: 0511/723488

 Kiebitzkrug 14
 D 30855 Langenhagen Herr Kröger

verwertete Kunststoffe	Thermoplaste: sortenrein der Typen PE
in Form von	Formteilen
Tätigkeiten	Aufbereiten (bis 1000t pro Jahr)
	Vertreiben (bis 1000t pro Jahr)

171 Percoplastik Kunststoffwerk GmbH Tel.: 040/7313586
　　　　　　　　　　　　　　　　　　　　　 Fax.: 040/7330669
　　　　　Horner Landstraße 380
　　　　　D 22111 Hamburg　　　　　　　　　　Herr Buck

verwertete Kunststoffe	Thermoplaste: sortenrein u. verschmutzt der Typen PE, PP, PS, EPS, SAN, ASA, ABS
in Form von	Formteilen, Mahlgut
Tätigkeiten	Aufbereiten (mehr als 5000t pro Jahr)

172 Pfister Kunststoffverarb. u. Rec. GmbH Tel.: 06022/72466
　　　　　　　　　　　　　　　　　　　　　　　 Fax.: 06022/4603
　　　　　Bahnhofstraße 12
　　　　　D 63820 Elsenfeld　　　　　　　　　　Herr Markus Krall

verwertete Kunststoffe	Thermoplaste: sortenrein u. vermischt der Typen PVC, PS, EPS, ABS, PA, PC, PMMA
in Form von	Folien, Formteilen, Produktionsabfälle
Tätigkeiten	Aufbereiten (1000t bis 5000t pro Jahr)
	Vertreiben (1000t bis 5000t pro Jahr)

173 Emil Pfleiderer GmbH & Co. KG

Äußerer Nordbahnhof 12
D 70191 Stuttgart

Tel.: 0711/25705-0
Fax.: 0711/25705-22

Herrn Ruoff

verwertete Kunststoffe	Thermoplaste: sortenrein, vermischt u. verschmutzt der Typen PVC, PE, EVA, PP, PS, EPS, SAN, ASA, ABS, PA, POM, PC, PMMA, PET, PBT, CA, CAB, CP
	Duroplaste: sortenrein der Typen MF, PF, MPF, UP, PUR
	Elastomere: sortenrein der Typen TPU, TPE
	Altreifen: sortenrein
in Form von	Folien, Formteilen, Mahlgut, Schaumstoffen
Tätigkeiten	Aufbereiten (bis 1000t pro Jahr)
	Vertreiben (1000t bis 5000t pro Jahr)

174 Planex GmbH

Am Steinauer Weg
D 91589 Aurach

Tel.: 09804/1780
Fax.: 09804/7207

Herr H.J. Rost

verwertete Kunststoffe	Thermoplaste: sortenrein, vermischt u. verschmutzt der Typen PE, PP, PS, EPS, ABS
in Form von	Mahlgut, Agglomerat
Tätigkeiten	Weiterverarbeitung von Rezyklat/Regenerat zu Formteilen (1000t bis 5000t pro Jahr)

175 Plastaufbereitung Wild GmbH   Tel.: 03672/24534
                                            Fax.: 03672/413559
Ortsstraße 1
D 07407 Rudolstadt-Pflanzwirzbach   Herr Wild

verwertete Kunststoffe	Thermoplaste: sortenrein der Typen PVC, PE, PP, PS, EPS, ABS, PA, PC
in Form von	Folien, Formteilen, Mahlgut
Tätigkeiten	Aufbereiten (1000t bis 5000t pro Jahr)
	Vertreiben (1000t bis 5000t pro Jahr)

176 Plastina GmbH   Tel.: 030/6550583
                                            Fax.: -
Weidensee 1
D 15566 Schöneiche   Herr Windmann

verwertete Kunststoffe	Thermoplaste: sortenrein der Typen PE
in Form von	Folien
Tätigkeiten	Aufbereiten (1000t bis 5000t pro Jahr)
	Vertreiben (bis 1000t pro Jahr)
	Weiterverarbeitung von Rezyklat/Regenerat zu Folien (1000t bis 5000t pro Jahr)

177 Plastolen GmbH Tel.: 0421/6120-51 u. 55
Fax.: 0421/6164824

Use Akschen 61
D 28237 Bremen Herr Lettau

verwertete Kunststoffe	Thermoplaste: sortenrein der Typen PE, PP, SAN, ABS, PA, POM, PC, PPO
in Form von	Formteilen, Mahlgut, Fasern
Tätigkeiten	Aufbereiten (mehr als 5000t pro Jahr)
	Vertreiben (mehr als 5000t pro Jahr)

178 poly-Kunststoffe GmbH Tel.: 02553/4068
Fax.: 02553/8311

Postfach 1354
D 48602 Ochtrup Herr G. Schmeier

verwertete Kunststoffe	Thermoplaste: sortenrein der Typen PE, PP
in Form von	Formteilen, Mahlgut
Tätigkeiten	Aufbereiten (1000t bis 5000t pro Jahr)
	Vertreiben (1000t bis 5000t pro Jahr)

179 Poly-Recycling AG   Tel.: 072/218888
                                              Fax.: 072/218889
        Bleichestraße 41
        CH 8570 Weinfelden   Frau Gmür

verwertete Kunststoffe	Thermoplaste: sortenrein, vermischt u. verschmutzt der Typen PE, PP, PS, EPS
in Form von	Folien, Formteilen, Mahlgut
Tätigkeiten	Aufbereiten (mehr als 5000t pro Jahr)
	Vertreiben (mehr als 5000t pro Jahr)

180 Polychem Chemiehandel GmbH   Tel.: 0231/527997
                                              Fax.: 0231/527996
        Hamburger-Str. 130
        D 44135 Dortmund   Herr Feldmann

verwertete Kunststoffe	Thermoplaste: sortenrein der Typen PVC, PE, PP
in Form von	Mahlgut
Tätigkeiten	Vertreiben (bis 1000t pro Jahr)

181 Polycon Ges. f. Kunststoffverarb. mbH Tel.: 03301/5026
Fax.: 03301/3962

Lehnitzstr. 87-89
D 16515 Oranienburg Herr Gerlach

verwertete Kunststoffe	Thermoplaste: sortenrein, vermischt u. verschmutzt der Typen PVC, PE, PP, PS, EPS, SAN, ASA, ABS, PA, POM, PC, PPO, PMMA, PET, PBT, PES, PPS
in Form von	Folien, Formteilen
Tätigkeiten	Aufbereiten (mehr als 5000t pro Jahr)
	Vertreiben (mehr als 5000t pro Jahr)

182 Polyma Kunststoff GmbH & Co. KG Tel.: 040/7137600
Fax.: 040/7136071

Am Knick 4
D 22113 Oststeinbeck Herr Alexander Maul

verwertete Kunststoffe	Thermoplaste: sortenrein der Typen SAN, ABS, PA, POM, PC, PPO
in Form von	Mahlgut
Tätigkeiten	Vertreiben (bis 1000t pro Jahr)

183 Polymer GmbH Tel.: 02102/95030
Fax.: 02102/51936

Postfach 8171
D 40862 Ratingen Herr Schirmacher

verwertete Kunststoffe	Thermoplaste: sortenrein der Typen PVC, PE, EVA, PP, PS, EPS, SAN, ABS, POM, PC, PET, PBT
in Form von	Folien, Formteilen, Mahlgut, Fasern
Tätigkeiten	Aufbereiten (bis 1000t pro Jahr)
	Vertreiben (1000t bis 5000t pro Jahr)
	Weiterverarbeitung von Rezyklat/Regenerat zu Folien (bis 1000t pro Jahr), zu Verbundwerkstoffen (bis 1000t pro Jahr)

184 Polyprop Kunststoffproduktions GmbH Tel.: 05921/150-51 bis 57
Fax.: 05921/150-57

Euregiostr. 9
D 48527 Nordhorn Herr Schmidt

verwertete Kunststoffe	Thermoplaste: sortenrein, vermischt u. verschmutzt der Typen PE, PP, PPO, PPS
in Form von	Folien, Formteilen, Mahlgut, Fasern
Tätigkeiten	Aufbereiten (mehr als 5000t pro Jahr)
	Vertreiben (mehr als 5000t pro Jahr)
	Weiterverarbeitung von Rezyklat/Regenerat zu Folien (1000t bis 5000t pro Jahr), zu Formteilen (1000t bis 5000t pro Jahr)

185   Polyrec GmbH & Co. KG   Tel.: 02241/68061
                                              Fax.: 02241/52454
          Wilhelm Ostwald Str. OH
          D 53721 Siegburg   Herr Fellmann, Herr Ihlo

verwertete Kunststoffe	Thermoplaste: sortenrein u. vermischt der Typen PE, EVA, PP, PS, EPS, SAN, ASA, ABS, PA, POM, PC, PPO, PMMA, PET, PBT, CA, CAB, CP
in Form von	Folien, Formteilen, Mahlgut, Fasern
Tätigkeiten	Aufbereiten (1000t bis 5000t pro Jahr)
	Vertreiben (bis 1000t pro Jahr)

186   popper + schmidt plastics   Tel.: 08131/1677
                                              Fax.: 08131/25308
          Karl-Benz-Str. 4
          D 85221 Dachau   Herr J. Schmidt

verwertete Kunststoffe	Thermoplaste: sortenrein der Typen EVA, PP, PS, EPS, SAN, ASA, ABS, PA, POM, PC, PPO, PMMA, PET, PBT, PES, PPS, PSU, PTFE, FEP, PFA
in Form von	Formteilen, Mahlgut
Tätigkeiten	Aufbereiten (bis 1000t pro Jahr)
	Vertreiben (bis 1000t pro Jahr)

187 Possehl Erzkontor GmbH Tel.: 0451/148350
Fax.: 0451/148360

Beckergrube 38-52
D 23552 Lübeck   Fr. Lilje

verwertete Kunststoffe	<u>Thermoplaste:</u> sortenrein der Typen PVC, PE, PP, PS, EPS, SAN, ABS, PA, POM, PC, PMMA, PET, PBT
in Form von	Folien, Mahlgut
Tätigkeiten	<u>Vertreiben</u> (1000t bis 5000t pro Jahr)

188 Preku Kunststoffverarb. GmbH Preßnitztal Tel.: 03735/90457
Fax.: 03735/61009

Streckewalder Str. 21
D 09518 Boden   Herr Lechner

verwertete Kunststoffe	<u>Thermoplaste:</u> sortenrein der Typen PVC, PE, PP
in Form von	Formteilen
Tätigkeiten	<u>Aufbereiten</u> (bis 1000t pro Jahr)
	<u>Vertreiben</u> (bis 1000t pro Jahr)
	<u>Weiterverarbeitung</u> von Rezyklat/Regenerat zu Formteilen (bis 1000t pro Jahr)

189 Pro-Plast Kunststoff GmbH

Dieselstraße 4-6
D 64347 Griesheim

Tel.: 06155/3065
Fax.: 06155/77522

Herr P. Wischnewski

verwertete Kunststoffe	Thermoplaste: sortenrein der Typen SAN, ASA, ABS, PA, POM, PC, PPO, PMMA, PET, PBT, PES, PPS, PSU, PI, PTFE, FEP, PFA, CA, CAB, CP
in Form von	Mahlgut
Tätigkeiten	Aufbereiten (bis 1000t pro Jahr)
	Vertreiben (1000t bis 5000t pro Jahr)

190 Ravago Plastics Deutschland GmbH

Siemensstraße 23
D 48565 Steinfurt

Tel.: 02552/3952
Fax.: 02552/62380

Herr Renders

verwertete Kunststoffe	Thermoplaste: sortenrein der Typen PE, EVA, PP, PS, EPS, SAN, ABS
in Form von	Folien, Formteilen, Mahlgut, Fasern
Tätigkeiten	Aufbereiten (mehr als 5000t pro Jahr)
	Vertreiben (mehr als 5000t pro Jahr)

191 Recenta Leichtverpackungs GmbH

Neumarktstraße 1
D 92334 Berching

Tel.: 08462/1301
Fax.: 08462/2401

Herr Höll

verwertete Kunststoffe	Thermoplaste: sortenrein der Typen PS, EPS
in Form von	Schaumstoffen
Tätigkeiten	Weiterverarbeitung von Rezyklat/Regenerat zu Formteilen (bis 1000t pro Jahr)

192 RecTrans Thiedmann KG

Gospoldshofer Str. 17
D 88410 Bad Wurzach

Tel.: 07564/1733
Fax.: 07564/4074

Herr Thiedmann

verwertete Kunststoffe	Thermoplaste: sortenrein u. verschmutzt der Typen PE
in Form von	Folien
Tätigkeiten	Aufbereiten (bis 1000t pro Jahr)
	Vertreiben (bis 1000t pro Jahr)

193 Recyclinganlage Karlsruhe GmbH   Tel.: 07243/5060
                                          Fax.: 07243/50640

Südbeckenstr. 19A
D 76189 Karlsruhe

verwertete Kunststoffe	Thermoplaste: sortenrein, vermischt u. verschmutzt der Typen PVC, PE, PP, PS, EPS, ABS, PET, PBT
	Duroplaste: sortenrein, vermischt u. verschmutzt
in Form von	Folien, Formteilen, Schaumstoffen
Tätigkeiten	Aufbereiten (bis 1000t pro Jahr)

194 Recycling Zentrum Brandenburg GmbH   Tel.: 03364/38691
                                              Fax.: 03364/38552

Gelände EKO Stahl AG, Str. 21
D 15890 Eisenhüttenstadt   Herr Reschke

verwertete Kunststoffe	Thermoplaste: sortenrein, vermischt u. verschmutzt der Typen PE, PP, PS, EPS
in Form von	Folien, Formteilen
Tätigkeiten	Aufbereiten (mehr als 5000t pro Jahr)
	Vertreiben (mehr als 5000t pro Jahr)
	Weiterverarbeitung von Rezyklat/Regenerat zu Folien (1000t bis 5000t pro Jahr), zu Formteilen (mehr als 5000t pro Jahr)

195 Recyco GmbH

Gewerbestr. 15
D 75059 Zaisenhausen

Tel.: 07258/5192
Fax.: 07258/5193

Herr Müller

verwertete Kunststoffe	Thermoplaste: sortenrein u. vermischt der Typen PE, PP, PS, EPS, SAN, ABS, PA, PET, PBT
in Form von	Folien, Formteilen, Schaumstoffen
Tätigkeiten	Aufbereiten (bis 1000t pro Jahr)
	Vertreiben (bis 1000t pro Jahr)

---

196 Regeno-Plast Kunststoffverarbeitung GmbH

Postfach 130213
D 42680 Solingen

Tel.: 0212/3320-36 bis 39
Fax.: 0212/328552

Herr E.A. Stein

verwertete Kunststoffe	Thermoplaste: sortenrein der Typen PE, EVA, PP, PS, EPS, SAN, ASA, ABS, PA, POM, PC, PPO, PMMA, PET, PBT, PES, PPS, PSU, PI, PTFE, FEP, PFA
in Form von	Folien, Formteilen, Mahlgut
Tätigkeiten	Aufbereiten (bis 1000t pro Jahr)
	Vertreiben (bis 1000t pro Jahr)

197 Regra GmbH

Industriestr. 54
D 69245 Bammental

Tel.: 06223/48054
Fax.: 06223/48252

Herr Heim

verwertete Kunststoffe	Thermoplaste: sortenrein der Typen PE, PP, PS, EPS, ABS, PA, POM, PMMA
	Duroplaste: sortenrein
in Form von	Formteilen, Mahlgut
Tätigkeiten	Aufbereiten (bis 1000t pro Jahr)
	Vertreiben (bis 1000t pro Jahr)

198 REM Recycling GmbH

Peiner Hag 11-13
D 25497 Prisdorf

Tel.: 04101/781025
Fax.: 04101/73653

verwertete Kunststoffe	Thermoplaste: sortenrein u. verschmutzt der Typen PS, EPS
in Form von	Schaumstoffen
Tätigkeiten	Aufbereiten (1000t bis 5000t pro Jahr)
	Vertreiben (1000t bis 5000t pro Jahr)

199 Remax Kunststofftechnik   Tel.: 07159/5860
                                                     Fax.: 07159/5594

Dornierstr. 18
D 71272 Renningen   Herr K. Schöffler

verwertete Kunststoffe	Thermoplaste: sortenrein der Typen PVC
in Form von	Mahlgut
Tätigkeiten	Aufbereiten (bis 1000t pro Jahr)
	Vertreiben (bis 1000t pro Jahr)
	Weiterverarbeitung von Rezyklat/Regenerat zu Profilen (bis 1000t pro Jahr)

---

200 Resytec Kunststoffverarbeitung GmbH   Tel.: 03624/2434
                                                              Fax.: 03624/2434

Scherershüttenstraße 7
D 99885 Ohrdruf   Herr Spittel

verwertete Kunststoffe	Thermoplaste: sortenrein der Typen PVC
in Form von	Folien, Formteilen, Mahlgut
Tätigkeiten	Aufbereiten (1000t bis 5000t pro Jahr)
	Weiterverarbeitung von Rezyklat/Regenerat zu Profilen, Rohren (1000t bis 5000t pro Jahr)

201 Rethermoplast GmbH

Von Hünefeld Str. 9
D 50829 Köln

Tel.: 0221/5937-00
Fax.: 0221/5937-11

Herr Lenz

verwertete Kunststoffe	Thermoplaste: sortenrein der Typen PE, PP, PS, EPS, ABS, PA, PET, PBT
in Form von	Mahlgut
Tätigkeiten	Aufbereiten (1000t bis 5000t pro Jahr)

202 Rethmann-Plano GmbH

Mühlenweg 1-5
D 48356 Nordwalde

Tel.: 02573/83-0
Fax.: 02573/2543

Herr Klusener, Herr Schluter

verwertete Kunststoffe	Thermoplaste: sortenrein u. verschmutzt der Typen PE, PP, PA
in Form von	Folien, Formteilen, Fasern, Gebinde
Tätigkeiten	Aufbereiten (mehr als 5000t pro Jahr)
	Vertreiben (mehr als 5000t pro Jahr)

203 Theodor Rieger
Großhandel mit Rohstoffen
Marktstr. 43
D 74579 Fichtenau

Tel.: 07962/355
Fax.: 07962/8054

Herr Th. Rieger

verwertete Kunststoffe	Thermoplaste: sortenrein der Typen PVC, PE, PP, PS, EPS, SAN, ABS, PA, POM, PC, PPO, PMMA, PET, PBT, CA, CAB, CP
in Form von	Folien, Formteilen, Mahlgut
Tätigkeiten	Vertreiben (bis 1000t pro Jahr)

204 RK Recycling Kreien GmbH

Wilsener Chausee 1
D 19386 Kreien

Tel.: 0161/6303164
Fax.: -

Herr Schnitzer

verwertete Kunststoffe	Thermoplaste: sortenrein u. vermischt der Typen PVC, PE, PP, PS, EPS, ABS, PA, PC, PET, PBT
in Form von	Folien, Formteilen, Ausschußware
Tätigkeiten	Aufbereiten (1000t bis 5000t pro Jahr)
	Vertreiben (1000t bis 5000t pro Jahr)
	Weiterverarbeitung von Rezyklat/Regenerat zu Fertigprodukten (bis 1000t pro Jahr)

205 RKB Rohstoff Kontor Bremen GmbH

Tel.: 0421/701090
Fax.: 0421/701099

Bismarckstraße 29
D 28203 Bremen

Herr Klee

verwertete Kunststoffe	Thermoplaste: sortenrein der Typen PVC, PE, PP, PS, EPS, SAN, ABS, PA
in Form von	Folien, Formteilen, Mahlgut, Fasern
Tätigkeiten	Aufbereiten (bis 1000t pro Jahr)
	Vertreiben (1000t bis 5000t pro Jahr)

206 Rohako H.W. Ulrich KG

Tel.: 06331/63367
Fax.: 06331/92493

Postfach 2359
D 66931 Pirmasens

Herr Ulrich

verwertete Kunststoffe	Thermoplaste: sortenrein der Typen PVC, PE, PP, PS, EPS, SAN, ABS, PA, POM, PC, PPO, PMMA, PET, PBT
in Form von	Folien, Formteilen, Mahlgut
Tätigkeiten	Vertreiben (1000t bis 5000t pro Jahr)

207 **Romplast Kunststoffrecycling GmbH** Tel.: 06181/491078
Fax.: 06181/495224

Philipp-Reis-Straße 25
D 63477 Maintal

Herr Bartholomäus

verwertete Kunststoffe	Thermoplaste: sortenrein u. verschmutzt der Typen PE
in Form von	Folien
Tätigkeiten	Aufbereiten (mehr als 5000t pro Jahr)
	Vertreiben (mehr als 5000t pro Jahr)

208 **RPM Recyclin Plastic Materie GmbH** Tel.: 09721/60041
Fax.: 09721/69360

Postfach 30
D 97526 Sennefeld

Herr Reck, Herr Treutler

verwertete Kunststoffe	Thermoplaste: sortenrein der Typen PVC, PE, PP, PS, EPS, SAN, ABS, PA, POM
in Form von	Folien, Formteilen, Mahlgut, Fasern
Tätigkeiten	Aufbereiten (bis 1000t pro Jahr)
	Vertreiben (mehr als 5000t pro Jahr)

209 RSW Kunststoffrecycling GmbH

Karl-Maybach-Str. 4
D 88074 Meckenbeuren

Tel.: 07542/22760
Fax.: 07542/21192

Herr R. Schirmer

verwertete Kunststoffe	Thermoplaste: sortenrein u. verschmutzt der Typen PE
in Form von	Folien
Tätigkeiten	Aufbereiten (1000t bis 5000t pro Jahr)
	Vertreiben (1000t bis 5000t pro Jahr)

210 Gebr. Ruch GmbH & Co. KG

Appenweierer Str. 54
D 77704 Oberkirch

Tel.: 07802/806-0
Fax.: 07802/806-40

Frau Ruch-Erdle

verwertete Kunststoffe	Thermoplaste: sortenrein der Typen PS, EPS
in Form von	Formteilen
Tätigkeiten	Aufbereiten (bis 1000t pro Jahr)
	Weiterverarbeitung von Rezyklat/Regenerat zu Formteilen (bis 1000t pro Jahr)

211 Rygol-Dämmstoffwerk Werner Rygol KG   Tel.: 09499/251
                                                                                     Fax.: 09499/1210

      D 93351 Painten   Herr Pfaller

verwertete Kunststoffe   Thermoplaste: sortenrein der Typen PS, EPS

in Form von   Formteilen, Schaumstoffen

Tätigkeiten   Aufbereiten (1000t bis 5000t pro Jahr)

                Vertreiben (1000t bis 5000t pro Jahr)

                Weiterverarbeitung von Rezyklat/Regenerat zu Formteilen (bis 1000t pro Jahr)

---

212 Saarpor Klaus Eckhardt GmbH   Tel.: 06821/4019-0
                                                                         Fax.: 06821/48126

      Industriegebiet Krummeg
      D 66539 Neunkirchen   Herr von Scheidt, Herr Decker

verwertete Kunststoffe   Thermoplaste: sortenrein der Typen PS, EPS

in Form von   Schaumstoffen

Tätigkeiten   Aufbereiten (bis 1000t pro Jahr)

                Vertreiben (bis 1000t pro Jahr)

                Weiterverarbeitung von Rezyklat/Regenerat zu Formteilen (1000t bis 5000t pro Jahr)

213	Edmund K. Sattler	Tel.: 06108/6213
	Kunststoff-Bearbeitungs GmbH	Fax.: 06108/66096
	Carl-Zeiss-Straße 3	
	D 63165 Muehlheim	Herr Gerhardt

verwertete Kunststoffe	Thermoplaste: sortenrein der Typen SAN, ABS, PA, POM, PC
in Form von	Mahlgut
Tätigkeiten	Aufbereiten (1000t bis 5000t pro Jahr)

214	Sauer Kunststoffe GmbH	Tel.: 0911/560565
		Fax.: 0911/567906
	Schleifweg 7	
	D 90562 Heroldsberg	Herr Sauer

verwertete Kunststoffe	Thermoplaste: sortenrein der Typen PE
in Form von	Folien
Tätigkeiten	Aufbereiten (1000t bis 5000t pro Jahr)
	Vertreiben (1000t bis 5000t pro Jahr)

215 Schenk Recycling GmbH Tel.: 07433/3826-13
Fax.: 07433/3826-16

Lange Str. 53
D 72336 Balingen

verwertete Kunststoffe	<u>Thermoplaste:</u> sortenrein der Typen PE, PP, ABS
	<u>Duroplaste:</u> sortenrein der Typen PUR
in Form von	Folien
Tätigkeiten	<u>Aufbereiten</u> (bis 1000t pro Jahr)
	<u>Vertreiben</u> (bis 1000t pro Jahr)

216 Peter Scherner Tel.: 09262/1227
Fax.: 09262/8701

Am Silberberg 8
D 8649 Wallenfels

Herr u. Frau Scherner

verwertete Kunststoffe	<u>Thermoplaste:</u> sortenrein der Typen PVC, PP, PS, EPS, ABS, PA
in Form von	Folien, Formteilen, Mahlgut
Tätigkeiten	<u>Aufbereiten</u> (bis 1000t pro Jahr)
	<u>Vertreiben</u> (1000t bis 5000t pro Jahr)

217 Schlaadt Plastics GmbH

Schwalbacher Straße 58
D 65391 Lorch/Rhein

Tel.: 06726/313
Fax.: 06726/686

Herr K. Preis

verwertete Kunststoffe	Thermoplaste: sortenrein der Typen PS, EPS
in Form von	Schaumstoffen
Tätigkeiten	Weiterverarbeitung von Rezyklat/Regenerat zu Formteilen (bis 1000t pro Jahr)

218 Schütz Werke GmbH & Co. KG

Bahnhofstr. 25
D 56242 Selters

Tel.: 02626/770
Fax.: 02626/77365

Herr Rainer Busch

verwertete Kunststoffe	Thermoplaste: sortenrein der Typen PE
in Form von	Formteilen, Mahlgut
Tätigkeiten	Aufbereiten (1000t bis 5000t pro Jahr)
	Weiterverarbeitung von Rezyklat/Regenerat zu Formteilen (1000t bis 5000t pro Jahr)

219 Rudolf Schwarz K.-Regenerierung GmbH   Tel.: 02203/13037
                                                                             Fax.: 02203/13336

       Charlottenstraße 41-43
       D 51149 Köln   Herr Mattusch

verwertete Kunststoffe	Thermoplaste: sortenrein der Typen PVC
	Elastomere: sortenrein der Typen TPE
in Form von	Folien, Formteilen, Mahlgut
Tätigkeiten	Aufbereiten (bis 1000t pro Jahr)

---

220 S+D Kunststoffrecycling GmbH   Tel.: 036454/400
                                                                  Fax.: 036454/400

       Blankenhainer Str. 25
       D 99441 Magdala

verwertete Kunststoffe	Thermoplaste: sortenrein der Typen PE, EVA, PP, PS, EPS, SAN, ASA, ABS, PA, POM, PC, PPO, PMMA, PET, PBT
in Form von	Formteilen, Mahlgut, Fasern
Tätigkeiten	Aufbereiten (1000t bis 5000t pro Jahr)
	Vertreiben (1000t bis 5000t pro Jahr)

221 Seeber und Struck

Am Trockenbach 10
D 98708 Jesuborn

Tel.: 036783/660
Fax.: -

Herr R. Seeber

verwertete Kunststoffe	<u>Thermoplaste:</u> sortenrein der Typen PVC, PE
in Form von	Formteilen, Mahlgut
Tätigkeiten	<u>Weiterverarbeitung</u> von Rezyklat/Regenerat zu Formteilen (bis 1000t pro Jahr)

222 Sietländer Entwicklungsges. e.V.

Zum Schönenfelde
D 21775 Ihlienworth

Tel.: 04755/9029
Fax.: 04755/9030

Herr Henning

verwertete Kunststoffe	<u>Thermoplaste:</u> sortenrein, vermischt u. verschmutzt der Typen PE, PP
in Form von	Folien, Formteilen, Mahlgut
Tätigkeiten	<u>Aufbereiten</u> (bis 1000t pro Jahr)
	<u>Weiterverarbeitung</u> von Rezyklat/Regenerat zu Formteilen (bis 1000t pro Jahr)

223 Sohler Plastik GMBH Tel.: 09353/7065
Fax.: 09353/2664

An der Tabaksmühle 1
D 97776 Eussenheim

H. Sohler

verwertete Kunststoffe Thermoplaste: sortenrein der Typen PS, EPS, ABS, POM, PC, CA, CAB, CP

in Form von Formteilen, Mahlgut

Tätigkeiten Aufbereiten (1000t bis 5000t pro Jahr)

224 Solidur Deutschland GmbH & Co. KG Tel.: 02564/301-0
Fax.: 02564/301-255

Weberstr. 2
D 48691 Vreden

Herr Thomas Vennhof

verwertete Kunststoffe Thermoplaste: sortenrein der Typen PE

in Form von Formteilen, Mahlgut

Tätigkeiten Aufbereiten (1000t bis 5000t pro Jahr)

Vertreiben (1000t bis 5000t pro Jahr)

Weiterverarbeitung von Rezyklat/Regenerat zu Formteilen (bis 1000t pro Jahr), zu Halbzeug (bis 1000t pro Jahr)

225   Soltaplast GmbH   Tel.: 05191/60425
                                                                  Fax.: 05191/60426

         Marktstr. 19
         D 29614 Soltau   Herr Lunau

verwertete Kunststoffe   Thermoplaste: sortenrein der Typen PA

in Form von   Fasern

Tätigkeiten   Aufbereiten (bis 1000t pro Jahr)

---

226   Dr. Spiess Kunststoff Recycling GmbH/Co.   Tel.: 06359/801-216
                                                                                                       Fax.: 06359/801-347

         Hauptstraße 13
         D 67271 Kleinkarlbach   Herr Dr. D. Spieß

verwertete Kunststoffe   Thermoplaste: sortenrein, vermischt u. verschmutzt der Typen PE

in Form von   Folien, Formteilen, Mahlgut

Tätigkeiten   Weiterverarbeitung von Rezyklat/Regenerat zu Formteilen (mehr als 5000t pro Jahr)

227 Spohn GmbH & Co.

St.-Georgener-Straße 19
D 79111 Freiburg

Tel.: 0761/47816-0
Fax.: 0761/475756

Herr Hellinger

verwertete Kunststoffe	Thermoplaste: sortenrein der Typen PE, EVA, PP, PS, EPS, SAN, ASA, ABS
in Form von	Folien, Formteilen, Mahlgut, Fasern
Tätigkeiten	Aufbereiten (1000t bis 5000t pro Jahr)
	Vertreiben (1000t bis 5000t pro Jahr)
	Weiterverarbeitung von Rezyklat/Regenerat zu Folien (bis 1000t pro Jahr)

---

228 Städtereinigung K. Nhelsen GmbH

Postfach 750 752
D 28727 Bremen

Tel.: 0421/62605-0
Fax.: 0421/62605-80

Herr Steeneck

verwertete Kunststoffe	Thermoplaste: sortenrein u. vermischt der Typen PE, PP, PS, EPS
	Altreifen: vermischt
in Form von	Folien
Tätigkeiten	Weiterverarbeitung von Rezyklat/Regenerat zu Folien, zu Formteilen, zu Verbundwerkstoffen

229 Städtereinigung Nord GmbH & Co. KG   Tel.: 0461/9041-0
                                             Fax.: 0461/98136

  Eckernförder Landstr. 300
  D 24941 Flensburg   Herr Berngruber

verwertete Kunststoffe	Thermoplaste: sortenrein u. vermischt der Typen PE, PP, ABS, PA
	Duroplaste: sortenrein der Typen MF, PF, MPF, UP
in Form von	Folien, Formteilen
Tätigkeiten	Aufbereiten (1000t bis 5000t pro Jahr)
	Vertreiben (1000t bis 5000t pro Jahr)
	Weiterverarbeitung von Rezyklat/Regenerat zu Profilen (1000t bis 5000t pro Jahr)

230 Handels-Kontor W. Stevens   Tel.: 06502/910421
                                            Fax.: 06502/6881

  Burgstr. 14
  D 54340 Longuich   Herr Stevens

verwertete Kunststoffe	Thermoplaste: sortenrein der Typen PE, PP
	Duroplaste: sortenrein
in Form von	Schraubverschlüßen
Tätigkeiten	Aufbereiten (1000t bis 5000t pro Jahr)
	Vertreiben (1000t bis 5000t pro Jahr)

231 STF Thermoform-Folien GmbH   Tel.: 08544/611
                                          Fax.: 08544/1490
Industriestraße 1
D 94529 Aicha v. Wald   Herr Söllner, Herr
                                          Lauchner

verwertete Kunststoffe	Thermoplaste: vermischt u. verschmutzt der Typen PE, PP, PS, EPS
in Form von	Folien, Mahlgut
Tätigkeiten	Aufbereiten (mehr als 5000t pro Jahr)
	Vertreiben (mehr als 5000t pro Jahr)
	Weiterverarbeitung von Rezyklat/Regenerat zu Folien (mehr als 5000t pro Jahr)

232 Jürgen Stiefel GmbH   Tel.: 07123/71055
         Kunststoff-Recycling   Fax.: 07123/71993
Im Schwöllbogen 14
D 72581 Dettingen   Herr Stiefel

verwertete Kunststoffe	Thermoplaste: sortenrein, vermischt u. verschmutzt der Typen PE, PP, PS, EPS, SAN, ABS, PA, POM, PC, PPO, PMMA, PET, PBT, PES, PPS
in Form von	Folien, Formteilen, Mahlgut, Fasern
Tätigkeiten	Aufbereiten (1000t bis 5000t pro Jahr)
	Vertreiben (mehr als 5000t pro Jahr)

233 Storopack H. Reichenecker GmbH & Co.

Untere Rietstraße 30
D 72555 Metzingen

Tel.: 07123/164-0
Fax.: 07123/164-119

Herr F. Firrincieli

verwertete Kunststoffe	Thermoplaste: sortenrein der Typen PS, EPS
in Form von	Formteilen, Loose Fill
Tätigkeiten	Aufbereiten (mehr als 5000t pro Jahr)
	Vertreiben (mehr als 5000t pro Jahr)

234 Südroh GmbH

Postfach 2140
D 76281 Rheinstetten

Tel.: 07242/829
Fax.: 07242/7669

Herr N. Schöffel

verwertete Kunststoffe	Thermoplaste: sortenrein der Typen PVC, PE, PP, PS, EPS
	Duroplaste: sortenrein
in Form von	Folien
Tätigkeiten	Vertreiben (1000t bis 5000t pro Jahr)

235 Symalit AG

Tel.: 064/508150
Fax.: 064/519104

CH 5600 Lenzburg

Herr Peter O. Widmer

verwertete Kunststoffe	Thermoplaste: sortenrein der Typen PE, PP
in Form von	Rohre, Platten
Tätigkeiten	Weiterverarbeitung von Rezyklat/Regenerat zu Rohren (1000t bis 5000t pro Jahr)

236 Synco Kunststoff-Logistik AG

Tel.: 042/218801
Fax.: 042/218663

Bellevueweg 8
CH 6300 Zug

Herr R. Augustin

verwertete Kunststoffe	Thermoplaste: sortenrein u. verschmutzt der Typen PE, EVA, PP, PS, EPS, SAN, ABS, PA, POM, PPO, PET, PBT, PES, PPS, PTFE, FEP, PFA
in Form von	k.a.
Tätigkeiten	Aufbereiten (mehr als 5000t pro Jahr)
	Vertreiben (mehr als 5000t pro Jahr)

237   Tarkett Pegulan AG

Nachtweideweg 1-7
D 67227 Frankenthal

Tel.: 06233/81-296
Fax.: 06233/81-326

Herr Dr. Müller

verwertete Kunststoffe	Thermoplaste: sortenrein der Typen PVC
in Form von	Folien, Mahlgut
Tätigkeiten	Weiterverarbeitung von Rezyklat/Regenerat zu Folien (mehr als 5000t pro Jahr)

238   Harry Teetz GmbH

Wierlings Esch 25a
D 48249 Dülmen

Tel.: 02594/850-41 bis 43
Fax.: 02594/86576

Herr G. Ritter

verwertete Kunststoffe	Thermoplaste: sortenrein der Typen PE, PP
	Elastomere: sortenrein der Typen TPE
in Form von	Formteilen, Mahlgut
Tätigkeiten	Aufbereiten (mehr als 5000t pro Jahr)
	Vertreiben (mehr als 5000t pro Jahr)

239   **Tekuma Kunststoff GmbH**   Tel.: 040/727702-0
Fax.: 040/7228969

         Am Langberg 68
         D 21465 Reinbek   Frau P. Maul

verwertete Kunststoffe	Thermoplaste: sortenrein der Typen SAN, ABS, PA, POM, PC, PPO, PMMA, PET, PBT
in Form von	Mahlgut
Tätigkeiten	Vertreiben (bis 1000t pro Jahr)

---

240   **Ter Hell Plastic GmbH**   Tel.: 02323/4961-0
Fax.: 02323/4961-34

         Bochumer Str. 229
         D 44625 Herne   Herr Meimberg

verwertete Kunststoffe	Thermoplaste: sortenrein der Typen PP, SAN, ASA, ABS, PA, PC, PMMA
in Form von	Formteilen, Mahlgut
Tätigkeiten	Aufbereiten (1000t bis 5000t pro Jahr)
	Vertreiben (mehr als 5000t pro Jahr)

241   Tetzlaff & Leib   Tel.: 07528/7260
                                                            Fax.: 07528/6776
          Bodenseestr. 37
          D 88239 Wangen   Herr Leib

verwertete Kunststoffe	Thermoplaste: sortenrein der Typen PE, PP, PS, EPS, PA
in Form von	Folien, Formteilen, Mahlgut
Tätigkeiten	Aufbereiten (bis 1000t pro Jahr)
	Vertreiben (1000t bis 5000t pro Jahr)

242   Texplast GmbH   Tel.: 03494/636634
                                                            Fax.: 03494/636719
          Industriepark, Geb. 0286
          D 06766 Wolfen   Frau Mitreiter

verwertete Kunststoffe	Thermoplaste: sortenrein u. verschmutzt der Typen PET, PBT
in Form von	Folien, Mahlgut, Staub
Tätigkeiten	Aufbereiten (1000t bis 5000t pro Jahr)
	Vertreiben (bis 1000t pro Jahr)

243 Texta AG

Zürcherstr. 511
CH 9015 St. Gallen

Tel.: 071/311631
Fax.: 071/313216

Herr Smereka

verwertete Kunststoffe	Thermoplaste: sortenrein u. verschmutzt der Typen PVC, PE, EVA, PP, PS, EPS, SAN, ABS, PA, PC, PPO, PET, PBT, PES
in Form von	k.a.
Tätigkeiten	Vertreiben (mehr als 5000t pro Jahr)

244 thermo-pack Kunststoff-Folien GmbH

Postfach 140
D 74402 Gaildorf

Tel.: 07971/256-0
Fax.: 07971/3975

Herr Gaul

verwertete Kunststoffe	Thermoplaste: sortenrein der Typen PE
in Form von	Folien
Tätigkeiten	Aufbereiten (1000t bis 5000t pro Jahr)
	Vertreiben (bis 1000t pro Jahr)
	Weiterverarbeitung von Rezyklat/Regenerat zu Folien (bis 1000t pro Jahr)

245 Thermoplast-Werk Neugersdorf GmbH

Rudolf-Breitscheid-Str. 37
D 02727 Neugersdorf

Tel.: 03586/2256
Fax.: 03586/2250

Vertrieb

verwertete Kunststoffe	Thermoplaste: sortenrein der Typen PVC
in Form von	Folien, Mahlgut
Tätigkeiten	Aufbereiten (bis 1000t pro Jahr)
	Vertreiben (1000t bis 5000t pro Jahr)
	Weiterverarbeitung von Rezyklat/Regenerat zu Folien (1000t bis 5000t pro Jahr)

246 TPP Recycling GmbH

Zeppelinstr. 21
D 49479 Ibbenbühren

Tel.: 05459/6045 u. 6046
Fax.: 05459/5217

Herr Ehlers

verwertete Kunststoffe	Thermoplaste: vermischt u. verschmutzt der Typen PE, PP
in Form von	Folien, Hohlkörper DSD
Tätigkeiten	Aufbereiten (mehr als 5000t pro Jahr)
	Vertreiben (mehr als 5000t pro Jahr)

247 Dkfm. A. Tree GmbH

Breitenfurterstr.356A
A 1235 Wien

Tel.: 868611-31
Fax.: 868611-33

Herr Tree

verwertete Kunststoffe	<u>Thermoplaste:</u> sortenrein der Typen PVC, PE, PP, PS, EPS, SAN, ABS, PA, POM, PC, PMMA, PET, PBT
	<u>Altreifen:</u> sortenrein
in Form von	Folien, Mahlgut, Schaumstoffen
Tätigkeiten	<u>Vertreiben</u> (bis 1000t pro Jahr)

248 T & T Plastic GmbH

Bahnhofstr. 32
D 15345 Rehfelde

Tel.: 033435/494
Fax.: 033435/493

Herr Schwier

verwertete Kunststoffe	<u>Thermoplaste:</u> sortenrein der Typen PE, PP, PS, EPS, SAN, ABS, PA, POM, PC
in Form von	Formteilen
Tätigkeiten	<u>Aufbereiten</u> (1000t bis 5000t pro Jahr)
	<u>Vertreiben</u> (1000t bis 5000t pro Jahr)

249   Typ AG

Ritterquai 27
CH 4502 Solothurn/Soleure

Tel.: 065/223963
Fax.: 065/227240

Herr K. Fueg

verwertete Kunststoffe	<u>Elastomere:</u> vermischt der Typen TPE
in Form von	Walzenschläuchen
Tätigkeiten	k.a.

---

250   Unifolie Handels GmbH

Schemmannstr. 47
D 22359 Hamburg

Tel.: 040/603-1078
Fax.: 040/603-9601

Herr Rolf Mager

verwertete Kunststoffe	<u>Thermoplaste:</u> sortenrein, vermischt u. verschmutzt der Typen PVC, PE, PP, PA, PPO
in Form von	Folien, Formteilen
Tätigkeiten	<u>Vertreiben</u> (mehr als 5000t pro Jahr)

251 UPR Plastic-Recycling GmbH

Am Hopfenberg 176a
D 98663 Ummerstadt

Tel.: 036871/722
Fax.: 036871/722

Herr Unger

verwertete Kunststoffe	Thermoplaste: sortenrein der Typen PE, PP, PS, EPS, ABS
in Form von	Folien, Formteilen, Mahlgut
Tätigkeiten	Aufbereiten (bis 1000t pro Jahr)
	Vertreiben (bis 1000t pro Jahr)

252 Urs Sigrist AG

Werkstr. 27
CH 8222 Beringen

Tel.: 053/3520-21
Fax.: 053/3520-40

Herr Sigrist

verwertete Kunststoffe	Thermoplaste: sortenrein der Typen PVC, PE, EVA, PP, PS, EPS, SAN, ASA, ABS, PA, POM, PC, PPO, PMMA, PET, PBT, PES, PPS, PSU, PTFE, FEP, PFA, CA, CAB, CP
in Form von	Folien, Formteilen, Mahlgut, Anfahrkuchen
Tätigkeiten	Aufbereiten (1000t bis 5000t pro Jahr)
	Vertreiben (1000t bis 5000t pro Jahr)
	Weiterverarbeitung von Rezyklat/Regenerat zu Profilen (bis 1000t pro Jahr)

253 Veka Umwelttechnik GmbH

Tel.: 0161/5323823
Fax.: 0161/5323523

Im Straßfeld 1
D 99947 Behringen

Herr Löckmann

verwertete Kunststoffe	Thermoplaste: verschmutzt der Typen PVC
in Form von	Formteilen
Tätigkeiten	Aufbereiten (mehr als 5000t pro Jahr)
	Weiterverarbeitung von Rezyklat/Regenerat zu Profilen (mehr als 5000t pro Jahr)

254 Vinora AG

Tel.: 055/204111
Fax.: 055/204259

Holzwiesstraße
CH 8645 Jona

verwertete Kunststoffe	Thermoplaste: sortenrein der Typen PE
in Form von	Folien, Mahlgut
Tätigkeiten	Aufbereiten (1000t bis 5000t pro Jahr)
	Weiterverarbeitung von Rezyklat/Regenerat zu Folien (1000t bis 5000t pro Jahr)

255 Gerhard Walter Tel.: 07242/54002
Fax.: 07242/54002-24

Wiesenstraße 71
A 4600 Wels

verwertete Kunststoffe	Thermoplaste: sortenrein u. verschmutzt der Typen PVC, PE, PP, ABS
in Form von	Folien, Formteilen, Mahlgut
Tätigkeiten	Aufbereiten (mehr als 5000t pro Jahr)
	Vertreiben (1000t bis 5000t pro Jahr)

---

256 Wasa Recycling-Technik GmbH Tel.: 036947/373
Fax.: 036947/397

Meininger Str. 9
D 98617 Neubrunn

Herr Scior

verwertete Kunststoffe	Thermoplaste: sortenrein u. verschmutzt der Typen PS, EPS
in Form von	Folien, Formteilen, Mahlgut
Tätigkeiten	Weiterverarbeitung von Rezyklat/Regenerat zu Platten (1000t bis 5000t pro Jahr)

257 Weike GmbH

Tel.: 08176/516
Fax.: 08176/1317

Postfach 249
D 82051 Sauerlach

verwertete Kunststoffe	Thermoplaste: vermischt u. verschmutzt der Typen PVC, PE
in Form von	Folien, Formteilen
Tätigkeiten	Vertreiben (1000t bis 5000t pro Jahr)
	Weiterverarbeitung von Rezyklat/Regenerat zu Formteilen (1000t bis 5000t pro Jahr)

258 Wela-Plast Recycling GmbH

Tel.: 04444/2820
Fax.: 04444/2618

Schneebeerernweg 4
D 49420 Ellenstedt

Herr Adam, Herr Schwenz

verwertete Kunststoffe	Thermoplaste: sortenrein der Typen PE, PP, PS, EPS, SAN, ABS
in Form von	Folien, Formteilen, Mahlgut, Schaumstoffen
Tätigkeiten	Aufbereiten (1000t bis 5000t pro Jahr)
	Vertreiben (1000t bis 5000t pro Jahr)

259 Welkisch Styropor Recycling GmbH   Tel.: 0161/2304501
                                            Fax.: 0161/2304501
Bärenklauerweg
D 16727 Velten   Frau Lindner, Herr Euler

verwertete Kunststoffe	k.a.
in Form von	k.a.
Tätigkeiten	Aufbereiten (1000t bis 5000t pro Jahr)
	Vertreiben (1000t bis 5000t pro Jahr)

260 Wentus Kunststoff GmbH   Tel.: 05271/6806-0
                                   Fax.: 05271/6806-90
Postfach 100 653
D 37656 Höxter   Herr Pohlmann

verwertete Kunststoffe	Thermoplaste: sortenrein der Typen PE, PP
in Form von	Folien
Tätigkeiten	Aufbereiten (mehr als 5000t pro Jahr)
	Vertreiben (mehr als 5000t pro Jahr)
	Weiterverarbeitung von Rezyklat/Regenerat zu Folien (mehr als 5000t pro Jahr)

261 Werra-Plastic GmbH & Co. KG

Industriestraße 2-6
D 36269 Philippstal

Tel.: 06620/780
Fax.: 06620/7373

Herr Breitenbach, Herr Röhs

verwertete Kunststoffe	Thermoplaste: sortenrein der Typen PE, EVA, PP
in Form von	Folien, Formteilen, Mahlgut, Schaumstoffen
Tätigkeiten	Aufbereiten (mehr als 5000t pro Jahr)
	Vertreiben (mehr als 5000t pro Jahr)
	Weiterverarbeitung von Rezyklat/Regenerat zu Folien (mehr als 5000t pro Jahr), zu Formteilen (mehr als 5000t pro Jahr)

262 Wertstoffe aus Abfall e.V.

Höchstädter Straße 27 a
D 89440 Lutzingen

Tel.: 09074/5683
Fax.: 09074/5684

Frau Schaller

verwertete Kunststoffe	Thermoplaste: sortenrein u. verschmutzt der Typen PE, PP, PS, EPS, SAN, ABS
in Form von	Folien, Mahlgut
Tätigkeiten	Aufbereiten (bis 1000t pro Jahr)
	Vertreiben (bis 1000t pro Jahr)

263 Weska GmbH

Im Horn 4
D 21220 Seevetal

Tel.: 04185/3346
Fax.: 04185/7317

Herr Voß

verwertete Kunststoffe	Thermoplaste: sortenrein, vermischt u. verschmutzt der Typen PVC, PE, PP, PS, EPS, ABS, PA, PET, PBT
	Duroplaste: sortenrein, vermischt u. verschmutzt
in Form von	Folien, Formteilen, Mahlgut, Schaumstoffen, Fasern
Tätigkeiten	Aufbereiten (mehr als 5000t pro Jahr)
	Vertreiben (mehr als 5000t pro Jahr)
	Weiterverarbeitung von Rezyklat/Regenerat zu Folien (mehr als 5000t pro Jahr), zu Formteilen (mehr als 5000t pro Jahr), zu Verbundwerkstoffen (1000t bis 5000t pro Jahr)

264 Wiba Kunststoff AG

Industrie
CH 4537 Wiedlisbach

Tel.: 065/762088
Fax.: 065/762089

verwertete Kunststoffe	Thermoplaste: sortenrein der Typen PE, EVA, PP, PS, EPS, SAN, ASA, ABS, PA, POM, PC, PPO, PMMA, PET, PBT, PES, PPS, PSU, CA, CAB, CP
	Elastomere: sortenrein der Typen TPU, TPE
in Form von	Folien, Formteilen, Mahlgut
Tätigkeiten	Aufbereiten (1000t bis 5000t pro Jahr)
	Vertreiben (1000t bis 5000t pro Jahr)

265 Wipag Polymertechnik

Nördliche Grünauer Straße 21
D 86633 Neuburg/Donau

Tel.: 08431/49027
Fax.: 08431/49029

Herrn Peter Wiedemann

verwertete Kunststoffe	Thermoplaste: sortenrein u. verschmutzt der Typen PP, PS, EPS, SAN, ASA, ABS, PA, POM, PC, PPO, PMMA, PET, PBT, PES, PPS, PSU
in Form von	Formteilen, Mahlgut
Tätigkeiten	Aufbereiten (1000t bis 5000t pro Jahr)
	Vertreiben (bis 1000t pro Jahr)

266 WKR Altkunststoffprod. u. Vertr. GmbH

Entenpfuhl 10
D 67547 Worms

Tel.: 06241/43451 u. 46763
Fax.: 06241/49579

verwertete Kunststoffe	Thermoplaste: sortenrein, vermischt u. verschmutzt der Typen PVC, PE, EVA, PP, PS, EPS, SAN, ASA, ABS, PA, POM, PC, PPO, PMMA, PET, PBT, PES, PPS, PSU, PI, PTFE, FEP, PFA, CA, CAB, CP
	Duroplaste: sortenrein, vermischt u. verschmutzt der Typen MF, PF, MPF, UP
	Altreifen: sortenrein
in Form von	Folien, Formteilen, Mahlgut, Schaumstoffen, Fasern
Tätigkeiten	Aufbereiten (mehr als 5000t pro Jahr)
	Weiterverarbeitung von Rezyklat/Regenerat zu Folien (mehr als 5000t pro Jahr), zu Formteilen (mehr als 5000t pro Jahr)

267 WMK Müller GmbH

Am Schützenplatz 10
D 42697 Solingen

Tel.: 0212/73437
Fax.: 0212/79437

Herr Wessiepe

verwertete Kunststoffe	Thermoplaste: sortenrein der Typen PE, EVA, PP, PS, EPS, SAN, ABS, PA, POM, PC, PPO, PMMA, PET, PBT
in Form von	Formteilen, Mahlgut
Tätigkeiten	Aufbereiten (1000t bis 5000t pro Jahr)
	Vertreiben (1000t bis 5000t pro Jahr)

268 Michael Wolf
Spedition und Entsorgung
Schlesische Straße 259
D 94315 Straubing

Tel.: 09421/7070
Fax.: 09421/70727

Herr M. Wolf, Herr R. Fiedler

verwertete Kunststoffe	Thermoplaste: sortenrein u. vermischt der Typen PVC, PE, PP, PS, EPS, SAN, ABS, PA, POM, PC, PET, PBT, PPS
	Duroplaste: sortenrein u. vermischt der Typen PUR
	Altreifen: sortenrein u. vermischt
in Form von	Folien, Formteilen, Mahlgut, Schaumstoffen
Tätigkeiten	Aufbereiten (bis 1000t pro Jahr)
	Vertreiben (bis 1000t pro Jahr)

269 Woliplast-Folien GmbH

Tel.: 02131/27468-1 u. 2
Fax.: 02131/271995

Heerdter Buschstr. 11
D 41460 Neuss

Herr Peetz

verwertete Kunststoffe	Thermoplaste: sortenrein der Typen PVC, PS, EPS
in Form von	Folien
Tätigkeiten	Vertreiben (bis 1000t pro Jahr)
	Weiterverarbeitung von Rezyklat/Regenerat zu Folien (bis 1000t pro Jahr)

270 Zempex Kunststoff GmbH

Tel.: 02421/83071
Fax.: 02421/84916

Nordstraße 102
D 52353 Düren

Herr Pingen

verwertete Kunststoffe	Thermoplaste: sortenrein der Typen PE, PP
in Form von	Folien, Formteilen, Mahlgut, Fasern
Tätigkeiten	Aufbereiten (mehr als 5000t pro Jahr)
	Vertreiben (mehr als 5000t pro Jahr)

271 Zentraplast GmbH

Untere Gartenstraße 18
A 4222 St. Georgen/Gusen

Tel.: 07237/2349
Fax.: 07237/238075

Herr Danner

verwertete Kunststoffe	Thermoplaste: sortenrein u. verschmutzt der Typen PVC, PE, EVA, PP, PS, EPS, SAN, ASA, ABS, PA, POM, PC, PPO, PMMA, PET, PBT
in Form von	Folien, Formteilen, Mahlgut, Fasern, Regranulate, Klumpen, Platten
Tätigkeiten	Aufbereiten (1000t bis 5000t pro Jahr)
	Vertreiben (1000t bis 5000t pro Jahr)

272 Zerzog GmbH & Co. KG

Haidgraben 9
D 85521 Ottobrunn

Tel.: 089/608008-0
Fax.: 089/608008-60

Herr Rachel

verwertete Kunststoffe	Thermoplaste: sortenrein der Typen PS, EPS
in Form von	Schaumstoffen
Tätigkeiten	Aufbereiten (1000t bis 5000t pro Jahr)

273 Zewawell AG & Co. KG

Tel.: 08035/2090
Fax.: 08035/8480

Rosenheimerstraße 33
D 83064 Raubling

verwertete Kunststoffe	Thermoplaste: sortenrein der Typen PS, EPS
in Form von	Formteilen, Schaumstoffen
Tätigkeiten	k.a.

274 Walter Zink GmbH

Tel.: 08222/5025 u. 26
Fax.: 08222/5027

Siemensstr. 9
D 89331 Burgau

Herr Zink

verwertete Kunststoffe	Thermoplaste: sortenrein der Typen PVC
in Form von	Folien, Formteilen, Mahlgut
Tätigkeiten	Aufbereiten (bis 1000t pro Jahr)
	Vertreiben (bis 1000t pro Jahr)
	Weiterverarbeitung von Rezyklat/Regenerat zu Formteilen (bis 1000t pro Jahr)

275   Zipperling Kessler & Co   Tel.: 04102/5151-0
Fax.: 04102/5151-69

Kornkamp 50
D 22926 Ahrensburg

Herr Thiessenhusen

verwertete Kunststoffe	Thermoplaste: sortenrein u. verschmutzt der Typen PET, PBT
in Form von	Folien, Formteilen, Mahlgut
Tätigkeiten	Aufbereiten (1000t bis 5000t pro Jahr)
	Vertreiben (1000t bis 5000t pro Jahr)

---

276   Z-M Entsorgung und Recycling GmbH   Tel.: 03682/2848 u. 7219
Fax.: 03682/2848

Heinr.-Ehrhardt Str. 82c
D 98544 Zella-Mehlis

Herr Otto

verwertete Kunststoffe	Thermoplaste: sortenrein, vermischt u. verschmutzt der Typen PVC, PE, EVA, PP, PS, EPS, SAN, ASA, ABS, PA, POM, PC, PPO, PMMA, PET, PBT, PES, PPS, PSU, PI, PTFE, FEP, PFA, CA, CAB, CP
	Duroplaste: sortenrein, vermischt u. verschmutzt der Typen MF, PF, MPF, UP
	Altreifen: sortenrein
in Form von	Folien, Formteilen, Mahlgut, Schaumstoffen, Fasern
Tätigkeiten	Aufbereiten (mehr als 5000t pro Jahr)
	Weiterverarbeitung von Rezyklat/Regenerat zu Folien (mehr als 5000t pro Jahr), zu Formteilen (mehr als 5000t pro Jahr)

Recyclingbetriebe nach Postleitzahlen

Recyclingbetriebe nach Postleitzahlen

Ort	Firma	Nr.
01640 Coswig	Cowaplast Coswig GmbH	44
01744 Dippoldiswalde	Becker-Entsorgung und Recycling GmbH	18
01851 Sebnitz	Wilhelm Kimmel GmbH & Co. KG	121
02727 Neugersdorf	Thermoplast-Werk Neugersdorf GmbH	245
04808 Streuben	KKK GmbH	123
06110 Halle	Halle plastic GmbH	85
06132 Halle	Ammendorfer Plastwerk GmbH	9
06217 Merseburg	KHA GmbH	120
06406 Bernburg	Multiport Recycling GmbH	158
06667 Weißenfels	DMK Metall u. K-Recycling GmbH	50
06766 Wolfen	Texplast GmbH	242
07407 Rudolstadt-Pflanzwirzbach	Plastaufbereitung Wild GmbH	175
07778 Dorndorf-Steudnitz	HRU - Handel Recycling Umwelttech. GmbH	100
07803 Neustadt (Orla)	Müller - Rohr GmbH & Co. KG	155
07806 Weira	LPK-plarecy-Kunststoffbeton GmbH	143
08451 Crimmitschau	Gabor Entsorgung u. Recycling GmbH&Co.KG	74
09114 Chemnitz	Becker Umweltdienste GmbH	17
09518 Boden	Preku Kunststoffverarb. GmbH Preßnitztal	188
09636 Langenau	Becker Umweltdienste GmbH	19
12347 Berlin	Beab-Cycloplast GmbH	15
12587 Berlin	KGF Kunststoff Gmbh Friedrichshagen	118
13591 Berlin	FAB Kunststoff-Recycling u. Folien	59
15234 Frankfurt/Oder	Becker + Armbrust GmbH	16
15345 Rehfelde	T & T Plastic GmbH	248
15566 Schöneiche	Plastina GmbH	176
15890 Eisenhüttenstadt	LER - Lausitzer Entsorgung u. Rec. GmbH	139
15890 Eisenhüttenstadt	Recycling Zentrum Brandenburg GmbH	194
16515 Oranienburg	Polycon Ges. f. Kunststoffverarb. mbH	181
16559 Liebenwalde	Kabelrecycling Liebenwalde GmbH	116
16727 Velten	Welkisch Styropor Recycling GmbH	259
19322 Wittenberge	Becker Umweltdienste GmbH Perleberg	23

Ort	Firma	Nr.
19322 Wittenberge	bSR GmbH	36
19348 Perleberg	BES GmbH	27
19386 Kreien	RK Recycling Kreien GmbH	204
20539 Hamburg	Albis Plastic GmbH	5
21220 Seevetal	Weska GmbH	263
21465 Reinbek	Tekuma Kunststoff GmbH	239
21775 Ihlienworth	Sietländer Entwicklungsges. e.V.	222
22041 Hamburg	Multi Kunststoff GmbH	156
22085 Hamburg	Muehlstein International GmbH	154
22111 Hamburg	Percoplastik Kunststoffwerk GmbH	171
22113 Oststeinbeck	Polyma Kunststoff GmbH & Co. KG	182
22359 Hamburg	Unifolie Handels GmbH	250
22926 Ahrensburg	Zipperling Kessler & Co	275
22941 Bargteheide	KRB Kunststoffe GmbH	129
23552 Lübeck	Possehl Erzkontor GmbH	187
24558 Wakendorf	Albers Kunststoffe	4
24887 Silberstedt	Gesellschaft f. Umwelttechnik mbH	78
24941 Flensburg	Städtereinigung Nord GmbH & Co. KG	229
25497 Prisdorf	REM Recycling GmbH	198
25563 Wrist	Hansa Kunststoff-Recycling	89
26133 Oldenburg	E. Guski & Co.	84
26629 Großefehn	Beeko Plast Kunststoffe GmbH	25
26831 Bunde	Kolthoff GmbH	127
26871 Papenburg	Inuma GmbH	109
27749 Delmenhorst	E.L. Antonini Außenhandels GmbH	10
27779 Wildeshausen	Grashorn & Co. GmbH	82
28203 Bremen	RKB Rohstoff Kontor Bremen GmbH	205
28237 Bremen	Plastolen GmbH	177
28727 Bremen	Städtereinigung K. Nhelsen GmbH	228
29614 Soltau	Soltaplast GmbH	225
30855 Langenhagen	Peku-Kunststoff Recycling GmbH	170
30982 Pattensen	Calenberg GmbH	38

Ort	Firma	Nr.
31224 Peine	Coratech GmbH	43
31618 Liebenau	Contek Kunststoffrecycling GmbH	42
31855 Aerzen/Reher	M+S Kunststoffe u. Recycling GmbH	153
32051 Herford	KRS GmbH	131
32547 Bad Oeynhausen	Paletti Palettensystemtechnik GmbH	167
32584 Löhne	Jara-Profile Speckmann GmbH	113
32602 Vlotho	Basi Kunststoffaufbereitung GmbH	13
32791 Lage	Intraplast Recycling GmbH	108
33442 Herzebrock-Clarholz	Paul Craemer GmbH	45
33790 Halle	Johann Borgers GmbH & Co. KG	31
35687 Dillenburg	Fischer GmbH duro tech	64
35701 Haiger	Giersbach GmbH	80
36269 Philippstal	Werra-Plastic GmbH & Co. KG	261
37276 Meinhard-Frieda	Friedola Gebr. Holzapfel GmbH & Co. KG	72
37653 Höxter	Höku Kunststoffe	96
37656 Höxter	Wentus Kunststoff GmbH	260
39615 Seehausen	Becker Entsorgung u. Recycling GmbH	22
40789 Monheim	Fomtex Hüttemann GmbH	69
40862 Ratingen	Polymer GmbH	183
41066 Mönchengladbach	A.&P. Drekopf GmbH & Co. KG	51
41460 Neuss	Hans Friedsam Faßverwertung GmbH&Co. KG	73
41460 Neuss	Woliplast-Folien GmbH	269
41751 Viersen	Hoffmann + Voss GmbH	98
42310 Wuppertal	Ernst Böhmke GmbH	30
42680 Solingen	Regeno-Plast Kunststoffverarbeitung GmbH	196
42697 Solingen	WMK Müller GmbH	267
44008 Dortmund	Diffundit H.W. Kischkel KG	48
44135 Dortmund	Polychem Chemiehandel GmbH	180
44319 Dortmund	E. Huchtemeier GmbH & Co.KG	101
44625 Herne	Ter Hell Plastic GmbH	240
46047 Oberhausen	Industrie Service Lukas	107

Ort	Firma	Nr.
46286 Dorsten	GHP GmbH i. Gr.	79
47800 Krefeld	Janßen & Angenendt GmbH	112
47809 Krefeld - Linn	Kunststoffe-Kremer	130
47877 Willich	Litter Pac GmbH	141
48249 Dülmen	Harry Teetz GmbH	238
48356 Nordwalde	Rethmann-Plano GmbH	202
48527 Nordhorn	Polyprop Kunststoffproduktions GmbH	184
48565 Steinfurt	Ravago Plastics Deutschland GmbH	190
48599 Gronau-Epe	Altex Textil Recycling GmbH & Co. KG	8
48602 Ochtrup	poly-Kunststoffe GmbH	178
48662 Ahaus	Gelaplast GmbH	77
48691 Vreden	Solidur Deutschland GmbH & Co. KG	224
48703 Stadtlohn	Krumbeck GmbH	132
48704 Gescher	Eing-bvi GmbH	54
49020 Osnabrück	Meltorec GmbH & Co. KG	145
49090 Osnabrück	Grannex Recycling-Technik GmbH	81
49393 Lohne	LKR - Lohner Kunststoffrecycling GmbH	142
49420 Ellenstedt	Wela-Plast Recycling GmbH	258
49439 Steinfeld	Nordenia Verpackungswerke GmbH	159
49479 Ibbenbühren	TPP Recycling GmbH	246
50351 Hürth	Hoechst AG Werk Knapsack	95
50829 Köln	Rethermoplast GmbH	201
50996 Köln	Cyclop GmbH	46
51149 Köln	Rudolf Schwarz K.-Regenerierung GmbH	219
51491 Overath	Oerder Kunststoff u. Recycling	163
52353 Düren	Zempex Kunststoff GmbH	270
52372 Kreuzau	Beyer Industrieprodukte GmbH & Co. KG	28
52382 Niederzier	Omnifol Kraus GmbH	165
53179 Bonn	Kohli Chemie GmbH	126
53179 Bonn-Mehlem	Clemens Recycling und Entsorgungs GmbH	40
53498 Bad Breisig	K.-Recycling Bruno Lettau	140

Ort	Firma	Nr.
53539 Kelberg	ERE Kunststoff GmbH & Co. KG	57
53721 Siegburg	Polyrec GmbH & Co. KG	185
54340 Longuich	Handels-Kontor W. Stevens	230
55411 Bingen	Cogranu GmbH	41
55411 Bingen	Hannawald Plastik GmbH	88
56242 Selters	Schütz Werke GmbH & Co. KG	218
56649 Niederzissen	Akro Plastic GmbH	3
56727 Mayen	Hans Hennerici oHG	92
57271 Hilchenbach	Bröcher Recycling	35
57290 Neunkirchen	Heinrich Baumgarten GmbH	14
57290 Neunkirchen	Implex GmbH	106
57539 Breitscheidt	KV + R GmbH	135
57539 Etzbach	Guschall GmbH	83
58515 Lüdenscheid	S. Occhipinti GmbH	160
59075 Hamm	Huchtemeier Recycling GmbH	102
59174 Kamen	Huckschlag GmbH & Co. KG	103
59304 Ennigerloh	Geba Kunststoffhandel-K.-Recycling GmbH	76
59581 Warstein	Monika Jäger	111
63069 Offenbach	IATT GmbH	104
63165 Muehlheim	Edmund K. Sattler	213
63165 Mühlheim	Pal-Plast GmbH	166
63225 Langen	Multi-Produkt GmbH	157
63477 Maintal	Romplast Kunststoffrecycling GmbH	207
63820 Elsenfeld	Pfister Kunststoffverarb. u. Rec. GmbH	172
63886 Miltenberg-Bürgstadt	Mikro-Technik GmbH & Co. KG	147
64347 Griesheim	Pro-Plast Kunststoff GmbH	189
64720 Michelstadt	BP Chemicals PlasTec GmbH	32
64743 Beerfelden/Odw.	Braun & Wettberg GmbH	34
65391 Lorch/Rhein	Schlaadt Plastics GmbH	217
65779 Kelkheim	MKV Metall- u. Kunststoffverw. GmbH	150
66265 Heusweiler	KTP Kunststofftechnik u. Prod. GmbH	134

Recyclingbetriebe nach Postleitzahlen

Ort	Firma	Nr.
66440 Bliestkastel-Böckweiler	B.H.S. Kunststoffaufbereitung GmbH	29
66539 Neunkirchen	Saarpor Klaus Eckhardt GmbH	212
66931 Pirmasens	Rohako H.W. Ulrich KG	206
66953 Pirmasens	Theo Kleiner Recycling GmbH	125
66954 Pirmasens	Jakob Becker Entsorgungs-GmbH	21
67227 Frankenthal	Tarkett Pegulan AG	237
67269 Grünstadt	Aero-Verpackungsges. mbH	1
67271 Kleinkarlbach	Dr. Spiess Kunststoff Recycling GmbH/Co.	226
67547 Worms	Jakob Becker Entsorgungs-GmbH	24
67547 Worms	WKR Altkunststoffprod. u. Vertr. GmbH	266
67591 Mörstadt	KPV - GmbH	128
67657 Kaiserslautern	CHS-Martel GmbH	39
67678 Mehlingen	Jakob Becker Entsorgungs-GmbH	20
67678 Mehlingen	Emrich Kanalreinigung GmbH	55
68169 Mannheim	G.A.S. GmbH & Co. KG	75
69115 Heidelberg	Heidelberger Kunststofftechnik GmbH	91
69245 Bammental	Regra GmbH	197
70191 Stuttgart	Emil Pfleiderer GmbH & Co. KG	173
71272 Renningen	Remax Kunststofftechnik	199
71409 Schwaikheim	JMH Bosch Kunststof-Recycling GmbH	114
72119 Pfaeffingen	Wilhelm Haug GmbH & Co. KG	90
72336 Balingen	Schenk Recycling GmbH	215
72461 Albstadt	Kitty-Plast K.E. Kistler	122
72555 Metzingen	Storopack H. Reichenecker GmbH & Co.	233
72581 Dettingen	Jürgen Stiefel GmbH	232
72704 Reutlingen	Estra-Kunststoff GmbH	58
74360 Auenstein	IKR - Kunststoffrecycling GmbH	105
74375 Gemmrigheim	Erich Hammerl KG	86
74402 Gaildorf	thermo-pack Kunststoff-Folien GmbH	244
74579 Fichtenau	Theodor Rieger	203
74722 Buchen	Odenwälder Kunststoffwerk	161

Ort	Firma	Nr.
75020 Eppingen	Cabka Plast GmbH	37
75059 Zaisenhausen	Recyco GmbH	195
76189 Karlsruhe	Recyclinganlage Karlsruhe GmbH	193
76281 Rheinstetten	Südroh GmbH	234
76437 Rastatt	Ercom Composite Recycling GmbH	56
76461 Muggensturm	PE-Recycling, J. Luft	169
76571 Gaggenau	TH. Bergmann GmbH & Co.	26
76661 Phillipsburg	F&E GmbH	60
77704 Oberkirch	Gebr. Ruch GmbH & Co. KG	210
77790 Steinach	KGM	119
78436 Konstanz	Hämmerle Recycling GmbH	87
79111 Freiburg	Spohn GmbH & Co.	227
79736 Rickenbach	KVR K.-Verwert. Rickenbach GmbH & Co. KG	136
80336 München	ITP GmbH &Co. KG	110
82051 Sauerlach	Weike GmbH	257
83064 Raubling	Zewawell AG & Co. KG	273
83361 Kienberg	KKR GmbH	124
84061 Ergoldsbach	Delta Plast Technology GmbH	47
85053 Ingolstadt	Walter Fechner	61
85221 Dachau	Peter Fink GmbH	63
85221 Dachau	popper + schmidt plastics	186
85521 Ottobrunn	Zerzog GmbH & Co. KG	272
8649 Wallenfels	Peter Scherner	216
86633 Neuburg/Donau	Wipag Polymertechnik	265
87437 Kempten	EBS-Recycling GmbH	52
87437 Kempten	Fischer Papier+Glas Recycling GmbH	65
87700 Memmingen	Metzeler Schaum GmbH	146
87752 Holzgünz	Joma Dämmstoffwerk	115
88063 Tettnang	Mössmer GmbH & Co.	151
88074 Meckenbeuren	RSW Kunststoffrecycling GmbH	209
88212 Ravensburg	Fischer Recycling GmbH & Co. KG	66
88214 Ravensburg	Moosmann GmbH & Co.	152

Ort	Firma	Nr.
88239 Wangen	Tetzlaff & Leib	241
88410 Bad Wurzach	RecTrans Thiedmann KG	192
89264 Weißenhorn	Hiller KG Kunststoffaufbereitung	93
89331 Burgau	Walter Zink GmbH	274
89440 Lutzingen	Wertstoffe aus Abfall e.V.	262
89542 Herbrechtingen	Flo-Pak GmbH	68
90562 Heroldsberg	Sauer Kunststoffe GmbH	214
90587 Veitsbronn	Fraku Kunststoffe Verkaufs GmbH	70
91589 Aurach	Planex GmbH	174
91593 Burgbernheim	Bratke Kunststofftechnik	33
91792 Ellingen	HOH Recycling Handels GmbH	99
92334 Berching	Recenta Leichtverpackungs GmbH	191
92342 Freystadt-Forchheim	Manfred Leibold	138
92542 Dieterskirchen	Diku-Kunststoff GmbH	49
92637 Weiden	Mitras Kunststoffe GmbH	149
93351 Painten	Rygol-Dämmstoffwerk Werner Rygol KG	211
94315 Straubing	Michael Wolf	268
94529 Aicha v. Wald	STF Thermoform-Folien GmbH	231
97306 Kitzingen	F.S. Fehrer GmbH & Co. KG	62
97411 Schweinfurt	Franken Rohstoff GmbH	71
97516 Oberschwarzach	Hans Kaim GmbH	117
97526 Sennefeld	RPM Recyclin Plastic Materie GmbH	208
97776 Eussenheim	Sohler Plastik GMBH	223
98544 Zella-Mehlis	Z-M Entsorgung und Recycling GmbH	276
98617 Neubrunn	Wasa Recycling-Technik GmbH	256
98663 Ummerstadt	UPR Plastic-Recycling GmbH	251
98708 Jesuborn	Seeber und Struck	221
99441 Magdala	S+D Kunststoffrecycling GmbH	220
99885 Ohrdruf	Resytec Kunststoffverarbeitung GmbH	200
99947 Behringen	Veka Umwelttechnik GmbH	253
A 1235 Wien	Dkfm. A. Tree GmbH	247

Ort	Firma	Nr.
A 2325 Himberg	Arge Kunststoffrecycling Himberg	12
A 2440 Gramatneusiedl	Para-Chemie GmbH	168
A 2700 Wr. Neustadt	ÖKR-Österr. K.-Recyclingges. mbH	162
A 4222 St. Georgen/ Gusen	Zentraplast GmbH	271
A 4502 St. Marien	OKUV Blaimschein KG	164
A 4600 Wels	Gerhard Walter	255
A 5261 Uttendorf	Aisaplast Eva-Regina Santner	2
A 6890 Lustenau	Rupert Hofer GmbH	97
A 6923 Lauterach	Flatz GmbH	67
A 8610 Wildon	Ecoplast GmbH	53
A 9100 Völkermarkt	Kruschitz Werner	133
A 9111 Haimburg	Mekaplast Warenhandelsges. mbH	144
A 9555 Glanegg 58	Kurt Hirsch Kunststoffwerk GmbH	94
CH 1255 Veyrier-Genf	Kyonax Corporation	137
CH 4502 Solothurn/ Soleure	Typ AG	249
CH 4537 Wiedlisbach	Wiba Kunststoff AG	264
CH 5600 Lenzburg	Symalit AG	235
CH 5736 Burg (AG)	Arbo Plastic AG	11
CH 6300 Zug	Synco Kunststoff-Logistik AG	236
CH 8222 Beringen	Urs Sigrist AG	252
CH 8408 Winterthur	Alpa AG	7
CH 8570 Weinfelden	Poly-Recycling AG	179
CH 8572 Berg	Minger Kunststofftechnik AG	148
CH 8645 Jona	Vinora AG	254
CH 8706 Meilen	Albis Impex AG	6
CH 9015 St. Gallen	Texta AG	243

Recyclingbetriebe nach verwerteten Kunststoffen

Polyvinylchlorid (PVC-hart, PVC-weich)

Ort	Firma	Nr.	sortenrein	vermischt	verschmutzt
01640 Coswig	Cowaplast Coswig GmbH	44	✓	·	·
01744 Dippoldiswalde	Becker-Entsorgung und Recycling GmbH	18	✓	✓	✓
02727 Neugersdorf	Thermoplast-Werk Neugersdorf GmbH	245	✓	·	·
04808 Streuben	KKK GmbH	123	✓	·	✓
06110 Halle	Halle plastic GmbH	85	✓	✓	·
06132 Halle	Ammendorfer Plastwerk GmbH	9	✓	·	·
07407 Rudolstadt-Pflanzwirzbach	Plastaufbereitung Wild GmbH	175	✓		
07803 Neustadt (Orla)	Müller - Rohr GmbH & Co. KG	155	✓	✓	✓
07806 Weira	LPK-plarecy-Kunststoffbeton GmbH	143	·	✓	✓
09114 Chemnitz	Becker Umweltdienste GmbH	17	✓	✓	✓
09518 Boden	Preku Kunststoffverarb. GmbH Preßnitztal	188	✓	·	·
09636 Langenau	Becker Umweltdienste GmbH	19	✓	✓	✓
12347 Berlin	Beab-Cycloplast GmbH	15	✓	·	·
15234 Frankfurt/Oder	Becker + Armbrust GmbH	16	✓	✓	✓
15890 Eisenhüttenstadt	LER - Lausitzer Entsorgung u. Rec. GmbH	139	✓	✓	✓
16515 Oranienburg	Polycon Ges. f. Kunststoffverarb. mbH	181	✓	✓	✓
16559 Liebenwalde	Kabelrecycling Liebenwalde GmbH	116	·	✓	·
19322 Wittenberge	Becker Umweltdienste GmbH Perleberg	23	✓	✓	✓
19322 Wittenberge	bSR GmbH	36	✓	✓	✓
19348 Perleberg	BES GmbH	27	✓	✓	✓
19386 Kreien	RK Recycling Kreien GmbH	204	✓	✓	·
21220 Seevetal	Weska GmbH	263	✓	✓	✓

Polyvinylchlorid (PVC-hart, PVC-weich)

Ort	Firma	Nr.	sorten-rein	ver-mischt	ver-schmutzt
22085 Hamburg	Muehlstein International GmbH	154	✓	·	·
22359 Hamburg	Unifolie Handels GmbH	250	✓	✓	✓
23552 Lübeck	Possehl Erzkontor GmbH	187	✓	·	·
24887 Silberstedt	Gesellschaft f. Umwelttechnik mbH	78	✓	✓	✓
26629 Großefehn	Beeko Plast Kunststoffe GmbH	25	✓	✓	✓
26831 Bunde	Kolthoff GmbH	127	✓	·	✓
27749 Delmenhorst	E.L. Antonini Außenhandels GmbH	10	✓	·	·
28203 Bremen	RKB Rohstoff Kontor Bremen GmbH	205	✓	·	·
30982 Pattensen	Calenberg GmbH	38	✓	✓	
31855 Aerzen/Reher	M+S Kunststoffe u. Recycling GmbH	153	✓	·	·
32547 Bad Oeynhausen	Paletti Palettensystemtechnik GmbH	167	✓	✓	✓
32584 Löhne	Jara-Profile Speckmann GmbH	113	✓	·	·
32602 Vlotho	Basi Kunststoffaufbereitung GmbH	13	✓	·	·
32791 Lage	Intraplast Recycling GmbH	108	✓	·	·
37276 Meinhard-Frieda	Friedola Gebr. Holzapfel GmbH & Co. KG	72	✓	·	·
37653 Höxter	Höku Kunststoffe	96	✓	✓	✓
39615 Seehausen	Becker Entsorgung u. Recycling GmbH	22	✓	✓	✓
40862 Ratingen	Polymer GmbH	183	✓	·	·
41460 Neuss	Woliplast-Folien GmbH	269	✓	·	·
44008 Dortmund	Diffundit H.W. Kischkel KG	48	✓	·	·
44135 Dortmund	Polychem Chemiehandel GmbH	180	✓	·	·
44319 Dortmund	E. Huchtemeier GmbH & Co. KG	101	✓	✓	✓

Polyvinylchlorid (PVC-hart, PVC-weich)

Ort	Firma	Nr.	sortenrein	vermischt	verschmutzt
46047 Oberhausen	Industrie Service Lukas	107	✓	·	·
47809 Krefeld - Linn	Kunststoffe-Kremer	130	✓	·	·
48599 Gronau-Epe	Altex Textil Recycling GmbH & Co. KG	8	✓	·	·
48703 Stadtlohn	Krumbeck GmbH	132	✓	·	·
51149 Köln	Rudolf Schwarz K.-Regenerierung GmbH	219	✓	·	·
52382 Niederzier	Omnifol Kraus GmbH	165	✓	·	·
53179 Bonn	Kohli Chemie GmbH	126	·	·	·
53179 Bonn-Mehlem	Clemens Recycling und Entsorgungs GmbH	40	✓	✓	✓
55411 Bingen	Cogranu GmbH	41	✓	·	·
55411 Bingen	Hannawald Plastik GmbH	88	✓	·	✓
56727 Mayen	Hans Hennerici oHG	92	✓	·	✓
57539 Etzbach	Guschall GmbH	83	✓	✓	✓
59581 Warstein	Monika Jäger	111	✓	✓	✓
63069 Offenbach	IATT GmbH	104	✓	·	·
63165 Mühlheim	Pal-Plast GmbH	166	✓	·	·
63820 Elsenfeld	Pfister Kunststoffverarb. u. Rec. GmbH	172	✓	✓	·
64743 Beerfelden/Odw.	Braun & Wettberg GmbH	34	✓	·	·
66440 Bliestkastel-Böckweiler	B.H.S. Kunststoffaufbereitung GmbH	29	✓	·	·
66931 Pirmasens	Rohako H.W. Ulrich KG	206	✓	·	·
66954 Pirmasens	Jakob Becker Entsorgungs-GmbH	21	✓	✓	✓
67227 Frankenthal	Tarkett Pegulan AG	237	✓	·	·
67547 Worms	Jakob Becker Entsorgungs-GmbH	24	✓	✓	✓
67547 Worms	WKR Altkunststoffprod. u. Vertr. GmbH	266	✓	✓	✓
67657 Kaiserslautern	CHS-Martel GmbH	39	✓	✓	✓

Polyvinylchlorid (PVC-hart, PVC-weich)

Ort	Firma	Nr.	sortenrein	vermischt	verschmutzt
67678 Mehlingen	Jakob Becker Entsorgungs-GmbH	20	✓	✓	✓
67678 Mehlingen	Emrich Kanalreinigung GmbH	55	✓	✓	✓
70191 Stuttgart	Emil Pfleiderer GmbH & Co. KG	173	✓	✓	✓
71272 Renningen	Remax Kunststofftechnik	199	✓	·	·
72704 Reutlingen	Estra-Kunststoff GmbH	58	✓	·	·
74375 Gemmrigheim	Erich Hammerl KG	86	✓	·	·
74579 Fichtenau	Theodor Rieger	203	✓	·	·
74722 Buchen	Odenwälder Kunststoffwerk	161	✓	·	·
75020 Eppingen	Cabka Plast GmbH	37	✓	✓	✓
76189 Karlsruhe	Recyclinganlage Karlsruhe GmbH	193	✓	✓	✓
76281 Rheinstetten	Südroh GmbH	234	✓	·	·
76661 Phillipsburg	F&E GmbH	60	✓	✓	✓
77790 Steinach	KGM	119	✓	✓	✓
78436 Konstanz	Hämmerle Recycling GmbH	87	✓	·	✓
80336 München	ITP GmbH &Co. KG	110	✓	✓	✓
82051 Sauerlach	Weike GmbH	257	·	✓	✓
83361 Kienberg	KKR GmbH	124	✓	·	✓
84061 Ergoldsbach	Delta Plast Technology GmbH	47	✓	✓	✓
85053 Ingolstadt	Walter Fechner	61	✓	·	·
85221 Dachau	Peter Fink GmbH	63	✓	✓	·
8649 Wallenfels	Peter Scherner	216	✓	·	·
87437 Kempten	EBS-Recycling GmbH	52	✓	·	✓
87437 Kempten	Fischer Papier+Glas Recycling GmbH	65	✓	·	·
88212 Ravensburg	Fischer Recycling GmbH & Co. KG	66	✓	·	·
89331 Burgau	Walter Zink GmbH	274	✓	·	·
92542 Dieterskirchen	Diku-Kunststoff GmbH	49	✓	·	·

Polyvinylchlorid (PVC-hart, PVC-weich)

Ort	Firma	Nr.	sorten-rein	ver-mischt	ver-schmutzt
94315 Straubing	Michael Wolf	268	✓	✓	·
97516 Oberschwarzach	Hans Kaim GmbH	117	✓	·	·
97526 Sennefeld	RPM Recyclin Plastic Materie GmbH	208	✓	·	·
98544 Zella-Mehlis	Z-M Entsorgung und Recycling GmbH	276	✓	✓	✓
98708 Jesuborn	Seeber und Struck	221	✓	·	·
99885 Ohrdruf	Resytec Kunststoffverarbeitung GmbH	200	✓	·	·
99947 Behringen	Veka Umwelttechnik GmbH	253	·	·	✓
A 1235 Wien	Dkfm. A. Tree GmbH	247	✓	·	·
A 4222 St. Georgen/Gusen	Zentraplast GmbH	271	✓	·	✓
A 4600 Wels	Gerhard Walter	255	✓	·	✓
A 9100 Völkermarkt	Kruschitz Werner	133	✓	✓	✓
A 9111 Haimburg	Mekaplast Warenhandelsges. mbH	144	✓	✓	✓
CH 1255 Veyrier-Genf	Kyonax Corporation	137	✓	·	·
CH 8222 Beringen	Urs Sigrist AG	252	✓	·	·
CH 8408 Winterthur	Alpa AG	7	✓	·	✓
CH 9015 St. Gallen	Texta AG	243	✓	·	✓

Polyethylen (PE-LD, PE-LLD, PE-HD)

Ort	Firma	Nr.	sorten- rein	ver- mischt	ver- schmutzt
01744 Dippoldiswalde	Becker-Entsorgung und Recycling GmbH	18	✓	✓	✓
04808 Streuben	KKK GmbH	123	✓	·	✓
06132 Halle	Ammendorfer Plastwerk GmbH	9	✓	·	·
06217 Merseburg	KHA GmbH	120	✓	·	✓
06406 Bernburg	Multiport Recycling GmbH	158	✓	✓	✓
06667 Weißenfels	DMK Metall u. K-Recycling GmbH	50	✓	·	·
07407 Rudolstadt-Pflanzwirzbach	Plastaufbereitung Wild GmbH	175	✓	·	·
07778 Dorndorf-Steudnitz	HRU - Handel Recycling Umwelttech. GmbH	100	✓	✓	·
07803 Neustadt (Orla)	Müller - Rohr GmbH & Co. KG	155	✓	✓	✓
07806 Weira	LPK-plarecy-Kunststoffbeton GmbH	143	·	✓	✓
08451 Crimmitschau	Gabor Entsorgung u. Recycling GmbH&Co.KG	74	✓	✓	·
09114 Chemnitz	Becker Umweltdienste GmbH	17	✓	✓	✓
09518 Boden	Preku Kunststoffverarb. GmbH Preßnitztal	188	✓	·	·
09636 Langenau	Becker Umweltdienste GmbH	19	✓	✓	✓
12347 Berlin	Beab-Cycloplast GmbH	15	✓	·	·
13591 Berlin	FAB Kunststoff-Recycling u. Folien	59	✓	·	·
15234 Frankfurt/Oder	Becker + Armbrust GmbH	16	✓	✓	✓
15345 Rehfelde	T & T Plastic GmbH	248	✓	·	·
15566 Schöneiche	Plastina GmbH	176	✓	·	·
15890 Eisenhüttenstadt	LER - Lausitzer Entsorgung u. Rec. GmbH	139	✓	✓	✓
15890 Eisenhüttenstadt	Recycling Zentrum Brandenburg GmbH	194	✓	✓	✓

Polyethylen (PE-LD, PE-LLD, PE-HD)

Ort	Firma	Nr.	sorten-rein	ver-mischt	ver-schmutzt
16515 Oranienburg	Polycon Ges. f. Kunststoffverarb. mbH	181	✓	✓	✓
16559 Liebenwalde	Kabelrecycling Liebenwalde GmbH	116	·	✓	
19322 Wittenberge	Becker Umweltdienste GmbH Perleberg	23	✓	✓	✓
19322 Wittenberge	bSR GmbH	36	✓	✓	✓
19348 Perleberg	BES GmbH	27	✓	✓	✓
19386 Kreien	RK Recycling Kreien GmbH	204	✓	✓	·
20539 Hamburg	Albis Plastic GmbH	5	✓	·	·
21220 Seevetal	Weska GmbH	263	✓	✓	✓
21775 Ihlienworth	Sietländer Entwicklungsges. e.V.	222	✓	✓	✓
22041 Hamburg	Multi Kunststoff GmbH	156	✓	·	·
22085 Hamburg	Muehlstein International GmbH	154	✓	·	·
22111 Hamburg	Percoplastik Kunststoffwerk GmbH	171	✓	·	✓
22359 Hamburg	Unifolie Handels GmbH	250	✓	✓	✓
22941 Bargteheide	KRB Kunststoffe GmbH	129	✓	·	·
23552 Lübeck	Possehl Erzkontor GmbH	187	✓	·	·
24558 Wakendorf	Albers Kunststoffe	4	✓	·	✓
24887 Silberstedt	Gesellschaft f. Umwelttechnik mbH	78	✓	✓	✓
24941 Flensburg	Städtereinigung Nord GmbH & Co. KG	229	✓	✓	·
25563 Wrist	Hansa Kunststoff-Recycling	89	✓	·	·
26133 Oldenburg	E. Guski & Co.	84	✓	·	✓
26629 Großefehn	Beeko Plast Kunststoffe GmbH	25	✓	✓	✓
26831 Bunde	Kolthoff GmbH	127	✓	·	✓
26871 Papenburg	Inuma GmbH	109	✓	✓	✓
27749 Delmenhorst	E.L. Antonini Außenhandels GmbH	10	✓	·	·

Polyethylen (PE-LD, PE-LLD, PE-HD)

Ort	Firma	Nr.	sorten-rein	ver-mischt	ver-schmutzt
27779 Wildeshausen	Grashorn & Co. GmbH	82	✓	·	·
28203 Bremen	RKB Rohstoff Kontor Bremen GmbH	205	✓	·	·
28237 Bremen	Plastolen GmbH	177	✓	·	·
28727 Bremen	Städtereinigung K. Nhelsen GmbH	228	✓	✓	·
30855 Langenhagen	Peku-Kunststoff Recycling GmbH	170	✓	·	·
30982 Pattensen	Calenberg GmbH	38	✓	✓	·
31224 Peine	Coratech GmbH	43	✓	·	·
31618 Liebenau	Contek Kunststoffrecycling GmbH	42	✓	✓	✓
31855 Aerzen/Reher	M+S Kunststoffe u. Recycling GmbH	153	✓	·	·
32547 Bad Oeynhausen	Paletti Palettensystemtechnik GmbH	167	✓	✓	✓
32602 Vlotho	Basi Kunststoffaufbereitung GmbH	13	✓	·	·
32791 Lage	Intraplast Recycling GmbH	108	✓	·	·
33442 Herzebrock-Clarholz	Paul Craemer GmbH	45	✓	·	·
35701 Haiger	Giersbach GmbH	80	✓	·	·
36269 Philippstal	Werra-Plastic GmbH & Co. KG	261	✓	·	·
37276 Meinhard-Frieda	Friedola Gebr. Holzapfel GmbH & Co. KG	72	✓	·	·
37656 Höxter	Wentus Kunststoff GmbH	260	✓	·	·
39615 Seehausen	Becker Entsorgung u. Recycling GmbH	22	✓	✓	✓
40789 Monheim	Fomtex Hüttemann GmbH	69	✓	·	·
40862 Ratingen	Polymer GmbH	183	✓	·	·
41066 Mönchengladbach	A.&P. Drekopf GmbH & Co. KG	51	✓	✓	·

Polyethylen (PE-LD, PE-LLD, PE-HD)

Ort	Firma	Nr.	sortenrein	vermischt	verschmutzt
41460 Neuss	Hans Friedsam Faßverwertung GmbH&Co. KG	73	✓	·	·
41751 Viersen	Hoffmann + Voss GmbH	98	✓	·	·
42310 Wuppertal	Ernst Böhmke GmbH	30	✓	·	·
42680 Solingen	Regeno-Plast Kunststoffverarbeitung GmbH	196	✓	·	·
42697 Solingen	WMK Müller GmbH	267	✓	·	·
44008 Dortmund	Diffundit H.W. Kischkel KG	48	✓	·	·
44135 Dortmund	Polychem Chemiehandel GmbH	180	✓	·	·
44319 Dortmund	E. Huchtemeier GmbH & Co.KG	101	✓	✓	✓
46047 Oberhausen	Industrie Service Lukas	107	✓	·	·
46286 Dorsten	GHP GmbH i. Gr.	79	✓	✓	✓
48249 Dülmen	Harry Teetz GmbH	238	✓	·	·
48356 Nordwalde	Rethmann-Plano GmbH	202	✓	·	✓
48527 Nordhorn	Polyprop Kunststoffproduktions GmbH	184	✓	✓	✓
48565 Steinfurt	Ravago Plastics Deutschland GmbH	190	✓	·	·
48599 Gronau-Epe	Altex Textil Recycling GmbH & Co. KG	8	✓	·	·
48602 Ochtrup	poly-Kunststoffe GmbH	178	✓	·	·
48691 Vreden	Solidur Deutschland GmbH & Co. KG	224	✓	·	·
49020 Osnabrück	Meltorec GmbH & Co. KG	145	✓	·	·
49393 Lohne	LKR - Lohner Kunststoffrecycling GmbH	142	✓	·	·
49420 Ellenstedt	Wela-Plast Recycling GmbH	258	✓	·	·
49439 Steinfeld	Nordenia Verpackungswerke GmbH	159	✓	·	✓
49479 Ibbenbühren	TPP Recycling GmbH	246	·	✓	✓
50829 Köln	Rethermoplast GmbH	201	✓	·	·

Polyethylen (PE-LD, PE-LLD, PE-HD)

Ort	Firma	Nr.	sorten-rein	ver-mischt	ver-schmutzt
52353 Düren	Zempex Kunststoff GmbH	270	✓	·	·
52372 Kreuzau	Beyer Industrieprodukte GmbH & Co. KG	28	·	✓	✓
52382 Niederzier	Omnifol Kraus GmbH	165	✓	·	·
53179 Bonn	Kohli Chemie GmbH	126	·	·	·
53179 Bonn-Mehlem	Clemens Recycling und Entsorgungs GmbH	40	✓	✓	✓
53498 Bad Breisig	K.-Recycling Bruno Lettau	140	✓	·	·
53539 Kelberg	ERE Kunststoff GmbH & Co. KG	57	✓	·	·
53721 Siegburg	Polyrec GmbH & Co. KG	185	✓	✓	·
54340 Longuich	Handels-Kontor W. Stevens	230	✓	·	·
55411 Bingen	Cogranu GmbH	41	✓	·	·
55411 Bingen	Hannawald Plastik GmbH	88	✓	·	✓
56242 Selters	Schütz Werke GmbH & Co. KG	218	✓	·	·
56727 Mayen	Hans Hennerici oHG	92	✓	·	✓
57271 Hilchenbach	Bröcher Recycling	35	✓	·	✓
57539 Etzbach	Guschall GmbH	83	✓	✓	✓
59075 Hamm	Huchtemeier Recycling GmbH	102	✓	·	·
59581 Warstein	Monika Jäger	111	✓	✓	✓
63069 Offenbach	IATT GmbH	104	✓	·	·
63165 Mühlheim	Pal-Plast GmbH	166	✓	·	·
63225 Langen	Multi-Produkt GmbH	157	·	✓	·
63477 Maintal	Romplast Kunststoffrecycling GmbH	207	✓	·	✓
64720 Michelstadt	BP Chemicals PlasTec GmbH	32	✓	·	·
65779 Kelkheim	MKV Metall- u. Kunststoffverw. GmbH	150	✓	·	·
66265 Heusweiler	KTP Kunststofftechnik u. Prod. GmbH	134	·	✓	✓
66931 Pirmasens	Rohako H.W. Ulrich KG	206	✓	·	·

Polyethylen (PE-LD, PE-LLD, PE-HD)

Ort	Firma	Nr.	sorten-rein	ver-mischt	ver-schmutzt
66954 Pirmasens	Jakob Becker Entsorgungs-GmbH	21	✓	✓	✓
67271 Kleinkarlbach	Dr. Spiess Kunststoff Recycling GmbH/Co.	226	✓	✓	✓
67547 Worms	Jakob Becker Entsorgungs-GmbH	24	✓	✓	✓
67547 Worms	WKR Altkunststoffprod. u. Vertr. GmbH	266	✓	✓	✓
67591 Mörstadt	KPV - GmbH	128	✓	✓	✓
67657 Kaiserslautern	CHS-Martel GmbH	39	✓	✓	✓
67678 Mehlingen	Jakob Becker Entsorgungs-GmbH	20	✓	✓	✓
67678 Mehlingen	Emrich Kanalreinigung GmbH	55	✓	✓	✓
68169 Mannheim	G.A.S. GmbH & Co. KG	75	✓	✓	✓
69245 Bammental	Regra GmbH	197	✓	.	.
70191 Stuttgart	Emil Pfleiderer GmbH & Co. KG	173	✓	✓	✓
71409 Schwaikheim	JMH Bosch Kunststof-Recycling GmbH	114	✓	✓	✓
72119 Pfaeffingen	Wilhelm Haug GmbH & Co. KG	90	✓	.	.
72336 Balingen	Schenk Recycling GmbH	215	✓	.	.
72581 Dettingen	Jürgen Stiefel GmbH	232	✓	✓	✓
72704 Reutlingen	Estra-Kunststoff GmbH	58	✓	.	.
74375 Gemmrigheim	Erich Hammerl KG	86	✓	.	.
74402 Gaildorf	thermo-pack Kunststoff-Folien GmbH	244	✓	.	.
74579 Fichtenau	Theodor Rieger	203	✓	.	.
75020 Eppingen	Cabka Plast GmbH	37	✓	✓	✓
75059 Zaisenhausen	Recyco GmbH	195	✓	✓	.
76189 Karlsruhe	Recyclinganlage Karlsruhe GmbH	193	✓	✓	✓
76281 Rheinstetten	Südroh GmbH	234	✓	.	.

Polyethylen (PE-LD, PE-LLD, PE-HD)

Ort	Firma	Nr.	sortenrein	vermischt	verschmutzt
76461 Muggensturm	PE-Recycling, J. Luft	169	✓	✓	✓
76661 Phillipsburg	F&E GmbH	60	✓	✓	✓
77790 Steinach	KGM	119	✓	✓	✓
78436 Konstanz	Hämmerle Recycling GmbH	87	✓	·	✓
79111 Freiburg	Spohn GmbH & Co.	227	✓	·	·
79736 Rickenbach	KVR K.-Verwert. Rickenbach GmbH & Co. KG	136	·	✓	✓
80336 München	ITP GmbH &Co. KG	110	✓	✓	✓
82051 Sauerlach	Weike GmbH	257	·	✓	✓
83361 Kienberg	KKR GmbH	124	✓	·	✓
84061 Ergoldsbach	Delta Plast Technology GmbH	47	✓	✓	✓
85053 Ingolstadt	Walter Fechner	61	✓	·	·
85221 Dachau	Peter Fink GmbH	63	✓	✓	·
87437 Kempten	EBS-Recycling GmbH	52	✓	·	✓
87437 Kempten	Fischer Papier + Glas Recycling GmbH	65	✓	·	·
88074 Meckenbeuren	RSW Kunststoffrecycling GmbH	209	✓	·	✓
88212 Ravensburg	Fischer Recycling GmbH & Co. KG	66	✓	·	·
88214 Ravensburg	Moosmann GmbH & Co.	152	✓	·	·
88239 Wangen	Tetzlaff & Leib	241	✓	·	·
88410 Bad Wurzach	RecTrans Thiedmann KG	192	✓	·	✓
89264 Weißenhorn	Hiller KG Kunststoffaufbereitung	93	✓	·	·
89440 Lutzingen	Wertstoffe aus Abfall e.V.	262	✓	·	✓
90562 Heroldsberg	Sauer Kunststoffe GmbH	214	✓	·	·
90587 Veitsbronn	Fraku Kunststoffe Verkaufs GmbH	70	✓	·	·
91589 Aurach	Planex GmbH	174	✓	✓	✓
91593 Burgbernheim	Bratke Kunststofftechnik	33	✓	·	·

Polyethylen (PE-LD, PE-LLD, PE-HD)

Ort	Firma	Nr.	sortenrein	vermischt	verschmutzt
91792 Ellingen	HOH Recycling Handels GmbH	99	✓	·	·
92342 Freystadt-Forchheim	Manfred Leibold	138	✓	·	·
92542 Dieterskirchen	Diku-Kunststoff GmbH	49	✓	·	·
92637 Weiden	Mitras Kunststoffe GmbH	149	✓	·	·
94315 Straubing	Michael Wolf	268	✓	✓	·
94529 Aicha v. Wald	STF Thermoform-Folien GmbH	231	·	✓	✓
97411 Schweinfurt	Franken Rohstoff GmbH	71	✓	·	·
97526 Sennefeld	RPM Recyclin Plastic Materie GmbH	208	✓	·	·
98544 Zella-Mehlis	Z-M Entsorgung und Recycling GmbH	276	✓	✓	✓
98663 Ummerstadt	UPR Plastic-Recycling GmbH	251	✓	·	·
98708 Jesuborn	Seeber und Struck	221	✓	·	·
99441 Magdala	S+D Kunststoffrecycling GmbH	220	✓	·	·
A 1235 Wien	Dkfm. A. Tree GmbH	247	✓	·	·
A 2325 Himberg	Arge Kunststoffrecycling Himberg	12	✓	✓	✓
A 2700 Wr. Neustadt	ÖKR-Österr. K.-Recyclingges. mbH	162	✓	✓	✓
A 4222 St. Georgen/Gusen	Zentraplast GmbH	271	✓	·	✓
A 4502 St. Marien	OKUV Blaimschein KG	164	✓	·	·
A 4600 Wels	Gerhard Walter	255	✓	·	✓
A 5261 Uttendorf	Aisaplast Eva-Regina Santner	2	✓	·	·
A 6890 Lustenau	Rupert Hofer GmbH	97	✓	·	✓
A 8610 Wildon	Ecoplast GmbH	53	✓	·	·
A 9100 Völkermarkt	Kruschitz Werner	133	✓	✓	✓
A 9111 Haimburg	Mekaplast Warenhandelsges. mbH	144	✓	✓	✓

Polyethylen (PE-LD, PE-LLD, PE-HD)

Ort	Firma	Nr.	sorten-rein	ver-mischt	ver-schmutzt
CH 1255 Veyrier-Genf	Kyonax Corporation	137	✓	·	·
CH 4537 Wiedlisbach	Wiba Kunststoff AG	264	✓	·	·
CH 5600 Lenzburg	Symalit AG	235	✓	·	·
CH 6300 Zug	Synco Kunststoff-Logistik AG	236	✓	·	✓
CH 8222 Beringen	Urs Sigrist AG	252	✓	·	·
CH 8408 Winterthur	Alpa AG	7	✓	·	✓
CH 8570 Weinfelden	Poly-Recycling AG	179	✓	✓	✓
CH 8572 Berg	Minger Kunststofftechnik AG	148	✓	·	·
CH 8645 Jona	Vinora AG	254	✓	·	·
CH 9015 St. Gallen	Texta AG	243	✓	·	✓

Ethylen-Vinylacetat-Copolymerisate (EVA)

Ort	Firma	Nr.	sortenrein	vermischt	verschmutzt
01744 Dippoldiswalde	Becker-Entsorgung und Recycling GmbH	18	✓	✓	✓
06132 Halle	Ammendorfer Plastwerk GmbH	9	✓	.	.
09114 Chemnitz	Becker Umweltdienste GmbH	17	✓	✓	✓
09636 Langenau	Becker Umweltdienste GmbH	19	✓	✓	✓
12347 Berlin	Beab-Cycloplast GmbH	15	✓	.	.
13591 Berlin	FAB Kunststoff-Recycling u. Folien	59	✓	.	.
15234 Frankfurt/Oder	Becker + Armbrust GmbH	16	✓	✓	✓
15890 Eisenhüttenstadt	LER - Lausitzer Entsorgung u. Rec. GmbH	139	✓	✓	✓
19322 Wittenberge	Becker Umweltdienste GmbH Perleberg	23	✓	✓	✓
19322 Wittenberge	bSR GmbH	36	✓	✓	✓
19348 Perleberg	BES GmbH	27	✓	✓	✓
22041 Hamburg	Multi Kunststoff GmbH	156	✓	.	.
30982 Pattensen	Calenberg GmbH	38	✓	✓	.
32547 Bad Oeynhausen	Paletti Palettensystemtechnik GmbH	167	✓	✓	✓
32791 Lage	Intraplast Recycling GmbH	108	✓	.	.
36269 Philippstal	Werra-Plastic GmbH & Co. KG	261	✓	.	.
37276 Meinhard-Frieda	Friedola Gebr. Holzapfel GmbH & Co. KG	72	✓	.	.
39615 Seehausen	Becker Entsorgung u. Recycling GmbH	22	✓	✓	✓
40789 Monheim	Fomtex Hüttemann GmbH	69	✓	.	.
40862 Ratingen	Polymer GmbH	183	✓	.	.
41751 Viersen	Hoffmann + Voss GmbH	98	✓	.	.
42310 Wuppertal	Ernst Böhmke GmbH	30	✓	.	.
42680 Solingen	Regeno-Plast Kunststoffverarbeitung GmbH	196	✓	.	.

Ethylen-Vinylacetat-Copolymerisate (EVA)

Ort	Firma	Nr.	sorten-rein	ver-mischt	ver-schmutzt
42697 Solingen	WMK Müller GmbH	267	✓	·	·
44008 Dortmund	Diffundit H.W. Kischkel KG	48	✓	·	·
48565 Steinfurt	Ravago Plastics Deutschland GmbH	190	✓	·	·
53721 Siegburg	Polyrec GmbH & Co. KG	185	✓	✓	·
57539 Etzbach	Guschall GmbH	83	✓	✓	✓
59581 Warstein	Monika Jäger	111	✓	✓	✓
63069 Offenbach	IATT GmbH	104	✓	·	·
63165 Mühlheim	Pal-Plast GmbH	166	✓	·	·
65779 Kelkheim	MKV Metall- u. Kunststoffverw. GmbH	150	✓	·	·
66954 Pirmasens	Jakob Becker Entsorgungs-GmbH	21	✓	✓	✓
67547 Worms	Jakob Becker Entsorgungs-GmbH	24	✓	✓	✓
67547 Worms	WKR Altkunststoffprod. u. Vertr. GmbH	266	✓	✓	✓
67657 Kaiserslautern	CHS-Martel GmbH	39	✓	✓	✓
67678 Mehlingen	Jakob Becker Entsorgungs-GmbH	20	✓	✓	✓
67678 Mehlingen	Emrich Kanalreinigung GmbH	55	✓	✓	✓
70191 Stuttgart	Emil Pfleiderer GmbH & Co. KG	173	✓	✓	✓
72704 Reutlingen	Estra-Kunststoff GmbH	58	✓	·	·
75020 Eppingen	Cabka Plast GmbH	37	✓	✓	✓
76661 Phillipsburg	F&E GmbH	60	✓	✓	✓
77790 Steinach	KGM	119	✓	✓	✓
79111 Freiburg	Spohn GmbH & Co.	227	✓	·	·
80336 München	ITP GmbH &Co. KG	110	✓	✓	✓
85053 Ingolstadt	Walter Fechner	61	✓	·	·
85221 Dachau	popper + schmidt plastics	186	✓	·	·
92542 Dieterskirchen	Diku-Kunststoff GmbH	49	✓	·	·

Ethylen-Vinylacetat-Copolymerisate (EVA)

Ort	Firma	Nr.	sortenrein	vermischt	verschmutzt
98544 Zella-Mehlis	Z-M Entsorgung und Recycling GmbH	276	✓	✓	✓
99441 Magdala	S+D Kunststoffrecycling GmbH	220	✓	·	·
A 4222 St. Georgen/ Gusen	Zentraplast GmbH	271	✓	·	✓
A 9100 Völkermarkt	Kruschitz Werner	133	✓	✓	✓
A 9111 Haimburg	Mekaplast Warenhandelsges. mbH	144	✓	✓	✓
CH 4537 Wiedlisbach	Wiba Kunststoff AG	264	✓	·	·
CH 6300 Zug	Synco Kunststoff-Logistik AG	236	✓	·	✓
CH 8222 Beringen	Urs Sigrist AG	252	✓	·	·
CH 8408 Winterthur	Alpa AG	7	✓	·	✓
CH 9015 St. Gallen	Texta AG	243	✓	·	✓

Polypropylen (PP)

Ort	Firma	Nr.	sorten-rein	ver-mischt	ver-schmutzt
01744 Dippoldiswalde	Becker-Entsorgung und Recycling GmbH	18	✓	✓	✓
04808 Streuben	KKK GmbH	123	✓	.	✓
06132 Halle	Ammendorfer Plastwerk GmbH	9	✓	.	.
06406 Bernburg	Multiport Recycling GmbH	158	✓	✓	✓
06667 Weißenfels	DMK Metall u. K-Recycling GmbH	50	✓		
07407 Rudolstadt-Pflanzwirzbach	Plastaufbereitung Wild GmbH	175	✓	.	.
07778 Dorndorf-Steudnitz	HRU - Handel Recycling Umwelttech. GmbH	100	✓	✓	.
07803 Neustadt (Orla)	Müller - Rohr GmbH & Co. KG	155	✓	✓	✓
08451 Crimmitschau	Gabor Entsorgung u. Recycling GmbH&Co.KG	74	✓	✓	.
09114 Chemnitz	Becker Umweltdienste GmbH	17	✓	✓	✓
09518 Boden	Preku Kunststoffverarb. GmbH Preßnitztal	188	✓	.	.
09636 Langenau	Becker Umweltdienste GmbH	19	✓	✓	✓
12347 Berlin	Beab-Cycloplast GmbH	15	✓	.	.
12587 Berlin	KGF Kunststoff Gmbh Friedrichshagen	118	✓	.	.
13591 Berlin	FAB Kunststoff-Recycling u. Folien	59	✓	.	.
15234 Frankfurt/Oder	Becker + Armbrust GmbH	16	✓	✓	✓
15345 Rehfelde	T & T Plastic GmbH	248	✓	.	.
15890 Eisenhüttenstadt	LER - Lausitzer Entsorgung u. Rec. GmbH	139	✓	✓	✓
15890 Eisenhüttenstadt	Recycling Zentrum Brandenburg GmbH	194	✓	✓	✓
16515 Oranienburg	Polycon Ges. f. Kunststoffverarb. mbH	181	✓	✓	✓
19322 Wittenberge	Becker Umweltdienste GmbH Perleberg	23	✓	✓	✓

Polypropylen (PP)

Ort	Firma	Nr.	sorten-rein	ver-mischt	ver-schmutzt
19322 Wittenberge	bSR GmbH	36	✓	✓	✓
19348 Perleberg	BES GmbH	27	✓	✓	✓
19386 Kreien	RK Recycling Kreien GmbH	204	✓	✓	·
20539 Hamburg	Albis Plastic GmbH	5	✓	·	·
21220 Seevetal	Weska GmbH	263	✓	✓	✓
21775 Ihlienworth	Sietländer Entwicklungsges. e.V.	222	✓	✓	✓
22041 Hamburg	Multi Kunststoff GmbH	156	✓	·	·
22085 Hamburg	Muehlstein International GmbH	154	✓	·	·
22111 Hamburg	Percoplastik Kunststoffwerk GmbH	171	✓	·	✓
22359 Hamburg	Unifolie Handels GmbH	250	✓	✓	✓
22941 Bargteheide	KRB Kunststoffe GmbH	129	✓	·	·
23552 Lübeck	Possehl Erzkontor GmbH	187	✓	·	·
24558 Wakendorf	Albers Kunststoffe	4	✓	·	✓
24887 Silberstedt	Gesellschaft f. Umwelttechnik mbH	78	✓	✓	✓
24941 Flensburg	Städtereinigung Nord GmbH & Co. KG	229	✓	✓	·
25563 Wrist	Hansa Kunststoff-Recycling	89	✓	·	·
26133 Oldenburg	E. Guski & Co.	84	✓	·	✓
26629 Großefehn	Beeko Plast Kunststoffe GmbH	25	✓	✓	✓
26831 Bunde	Kolthoff GmbH	127	✓	·	✓
26871 Papenburg	Inuma GmbH	109	✓	✓	✓
27749 Delmenhorst	E.L. Antonini Außenhandels GmbH	10	✓	·	·
28203 Bremen	RKB Rohstoff Kontor Bremen GmbH	205	✓	·	·
28237 Bremen	Plastolen GmbH	177	✓	·	·
28727 Bremen	Städtereinigung K. Nhelsen GmbH	228	✓	✓	·

Polypropylen (PP)

Ort	Firma	Nr.	sorten-rein	ver-mischt	ver-schmutzt
30982 Pattensen	Calenberg GmbH	38	✓	✓	·
31224 Peine	Coratech GmbH	43	✓	·	·
31618 Liebenau	Contek Kunststoffrecycling GmbH	42	✓	✓	✓
31855 Aerzen/Reher	M+S Kunststoffe u. Recycling GmbH	153	✓	·	·
32547 Bad Oeynhausen	Paletti Palettensystemtechnik GmbH	167	✓	✓	✓
32602 Vlotho	Basi Kunststoffaufbereitung GmbH	13	✓	·	·
32791 Lage	Intraplast Recycling GmbH	108	✓	·	·
35701 Haiger	Giersbach GmbH	80	✓	·	·
36269 Philippstal	Werra-Plastic GmbH & Co. KG	261	✓	·	·
37276 Meinhard-Frieda	Friedola Gebr. Holzapfel GmbH & Co. KG	72	✓	·	·
37656 Höxter	Wentus Kunststoff GmbH	260	✓	·	·
39615 Seehausen	Becker Entsorgung u. Recycling GmbH	22	✓	✓	✓
40862 Ratingen	Polymer GmbH	183	✓	·	·
41066 Mönchengladbach	A.&P. Drekopf GmbH & Co. KG	51	✓	✓	·
41751 Viersen	Hoffmann + Voss GmbH	98	✓	·	·
42310 Wuppertal	Ernst Böhmke GmbH	30	✓	·	·
42680 Solingen	Regeno-Plast Kunststoffverarbeitung GmbH	196	✓	·	·
42697 Solingen	WMK Müller GmbH	267	✓	·	·
44008 Dortmund	Diffundit H.W. Kischkel KG	48	✓	·	·
44135 Dortmund	Polychem Chemiehandel GmbH	180	✓	·	·
44319 Dortmund	E. Huchtemeier GmbH & Co.KG	101	✓	✓	✓
44625 Herne	Ter Hell Plastic GmbH	240	✓	·	·

Polypropylen (PP)

Ort	Firma	Nr.	sorten-rein	ver-mischt	ver-schmutzt
46047 Oberhausen	Industrie Service Lukas	107	✓	·	·
46286 Dorsten	GHP GmbH i. Gr.	79	✓	✓	✓
47800 Krefeld	Janßen & Angenendt GmbH	112	✓	·	·
48249 Dülmen	Harry Teetz GmbH	238	✓	·	·
48356 Nordwalde	Rethmann-Plano GmbH	202	✓	·	✓
48527 Nordhorn	Polyprop Kunststoffproduktions GmbH	184	✓	✓	✓
48565 Steinfurt	Ravago Plastics Deutschland GmbH	190	✓	·	·
48599 Gronau-Epe	Altex Textil Recycling GmbH & Co. KG	8	✓	·	·
48602 Ochtrup	poly-Kunststoffe GmbH	178	✓	·	·
49090 Osnabrück	Grannex Recycling-Technik GmbH	81	✓	✓	✓
49393 Lohne	LKR - Lohner Kunststoffrecycling GmbH	142	✓	·	·
49420 Ellenstedt	Wela-Plast Recycling GmbH	258	✓	·	·
49479 Ibbenbühren	TPP Recycling GmbH	246	·	✓	✓
50351 Hürth	Hoechst AG Werk Knapsack	95	✓	·	·
50829 Köln	Rethermoplast GmbH	201	✓	·	·
52353 Düren	Zempex Kunststoff GmbH	270	✓	·	·
52372 Kreuzau	Beyer Industrieprodukte GmbH & Co. KG	28	·	✓	✓
52382 Niederzier	Omnifol Kraus GmbH	165	✓	·	·
53179 Bonn	Kohli Chemie GmbH	126	·	·	·
53179 Bonn-Mehlem	Clemens Recycling und Entsorgungs GmbH	40	✓	✓	✓
53498 Bad Breisig	K.-Recycling Bruno Lettau	140	✓	·	·
53539 Kelberg	ERE Kunststoff GmbH & Co. KG	57	✓	·	·
53721 Siegburg	Polyrec GmbH & Co. KG	185	✓	✓	·
54340 Longuich	Handels-Kontor W. Stevens	230	✓	·	·

Polypropylen (PP)

Ort	Firma	Nr.	sorten-rein	ver-mischt	ver-schmutzt
55411 Bingen	Cogranu GmbH	41	✓	·	·
56727 Mayen	Hans Hennerici oHG	92	✓	·	✓
57539 Etzbach	Guschall GmbH	83	✓	✓	✓
59075 Hamm	Huchtemeier Recycling GmbH	102	✓	·	·
59581 Warstein	Monika Jäger	111	✓	✓	✓
63069 Offenbach	IATT GmbH	104	✓	·	·
63165 Mühlheim	Pal-Plast GmbH	166	✓	·	·
63225 Langen	Multi-Produkt GmbH	157	·	✓	·
65779 Kelkheim	MKV Metall- u. Kunststoffverw. GmbH	150	✓	·	·
66265 Heusweiler	KTP Kunststofftechnik u. Prod. GmbH	134	·	✓	✓
66931 Pirmasens	Rohako H.W. Ulrich KG	206	✓	·	·
66954 Pirmasens	Jakob Becker Entsorgungs-GmbH	21	✓	✓	✓
67547 Worms	Jakob Becker Entsorgungs-GmbH	24	✓	✓	✓
67547 Worms	WKR Altkunststoffprod. u. Vertr. GmbH	266	✓	✓	✓
67591 Mörstadt	KPV - GmbH	128	✓	✓	✓
67657 Kaiserslautern	CHS-Martel GmbH	39	✓	✓	✓
67678 Mehlingen	Jakob Becker Entsorgungs-GmbH	20	✓	✓	✓
67678 Mehlingen	Emrich Kanalreinigung GmbH	55	✓	✓	✓
68169 Mannheim	G.A.S. GmbH & Co. KG	75	✓	✓	✓
69245 Bammental	Regra GmbH	197	✓	·	·
70191 Stuttgart	Emil Pfleiderer GmbH & Co. KG	173	✓	✓	✓
72336 Balingen	Schenk Recycling GmbH	215	✓	·	·
72461 Albstadt	Kitty-Plast K.E. Kistler	122	✓	·	·
72581 Dettingen	Jürgen Stiefel GmbH	232	✓	✓	✓
72704 Reutlingen	Estra-Kunststoff GmbH	58	✓	·	·

Polypropylen (PP)

Ort	Firma	Nr.	sorten-rein	ver-mischt	ver-schmutzt
74360 Auenstein	IKR - Kunststoffrecycling GmbH	105	✓	✓	·
74375 Gemmrigheim	Erich Hammerl KG	86	✓	·	·
74579 Fichtenau	Theodor Rieger	203	✓	·	·
75020 Eppingen	Cabka Plast GmbH	37	✓	✓	✓
75059 Zaisenhausen	Recyco GmbH	195	✓	✓	·
76189 Karlsruhe	Recyclinganlage Karlsruhe GmbH	193	✓	✓	✓
76281 Rheinstetten	Südroh GmbH	234	✓	·	·
76661 Phillipsburg	F&E GmbH	60	✓	✓	✓
77790 Steinach	KGM	119	✓	✓	✓
78436 Konstanz	Hämmerle Recycling GmbH	87	✓	·	✓
79111 Freiburg	Spohn GmbH & Co.	227	✓	·	·
79736 Rickenbach	KVR K.-Verwert. Rickenbach GmbH & Co. KG	136	·	✓	✓
80336 München	ITP GmbH &Co. KG	110	✓	✓	✓
83361 Kienberg	KKR GmbH	124	✓	·	✓
84061 Ergoldsbach	Delta Plast Technology GmbH	47	✓	✓	✓
85053 Ingolstadt	Walter Fechner	61	✓	·	·
85221 Dachau	Peter Fink GmbH	63	✓	✓	·
85221 Dachau	popper + schmidt plastics	186	✓	·	·
8649 Wallenfels	Peter Scherner	216	✓	·	·
86633 Neuburg/Donau	Wipag Polymertechnik	265	✓	·	✓
87437 Kempten	EBS-Recycling GmbH	52	✓	·	✓
87437 Kempten	Fischer Papier+Glas Recycling GmbH	65	✓	·	·
88212 Ravensburg	Fischer Recycling GmbH & Co. KG	66	✓	·	·
88214 Ravensburg	Moosmann GmbH & Co.	152	✓	·	·
88239 Wangen	Tetzlaff & Leib	241	✓	·	·
89264 Weißenhorn	Hiller KG Kunststoffaufbereitung	93	✓	·	·

Polypropylen (PP)

Ort	Firma	Nr.	sorten-rein	ver-mischt	ver-schmutzt
89440 Lutzingen	Wertstoffe aus Abfall e.V.	262	✓	·	✓
90587 Veitsbronn	Fraku Kunststoffe Verkaufs GmbH	70	✓	·	·
91589 Aurach	Planex GmbH	174	✓	✓	✓
91593 Burgbernheim	Bratke Kunststofftechnik	33	✓	·	·
91792 Ellingen	HOH Recycling Handels GmbH	99	✓	·	·
92342 Freystadt-Forchheim	Manfred Leibold	138	✓	·	·
92542 Dieterskirchen	Diku-Kunststoff GmbH	49	✓	·	·
92637 Weiden	Mitras Kunststoffe GmbH	149	✓	·	·
94315 Straubing	Michael Wolf	268	✓	✓	·
94529 Aicha v. Wald	STF Thermoform-Folien GmbH	231	·	✓	✓
97526 Sennefeld	RPM Recyclin Plastic Materie GmbH	208	✓	·	·
98544 Zella-Mehlis	Z-M Entsorgung und Recycling GmbH	276	✓	✓	✓
98663 Ummerstadt	UPR Plastic-Recycling GmbH	251	✓	·	·
99441 Magdala	S+D Kunststoffrecycling GmbH	220	✓	·	·
A 1235 Wien	Dkfm. A. Tree GmbH	247	✓	·	·
A 2325 Himberg	Arge Kunststoffrecycling Himberg	12	✓	✓	✓
A 2700 Wr. Neustadt	ÖKR-Österr. K.-Recyclingges. mbH	162	✓	✓	✓
A 4222 St. Georgen/Gusen	Zentraplast GmbH	271	✓	·	·✓
A 4502 St. Marien	OKUV Blaimschein KG	164	✓	·	·
A 4600 Wels	Gerhard Walter	255	✓	·	✓
A 5261 Uttendorf	Aisaplast Eva-Regina Santner	2	✓	·	·
A 6890 Lustenau	Rupert Hofer GmbH	97	✓	·	✓
A 8610 Wildon	Ecoplast GmbH	53	✓	·	·

Polypropylen (PP)

Ort	Firma	Nr.	sortenrein	vermischt	verschmutzt
A 9100 Völkermarkt	Kruschitz Werner	133	✓	✓	✓
A 9111 Haimburg	Mekaplast Warenhandelsges. mbH	144	✓	✓	✓
CH 1255 Veyrier-Genf	Kyonax Corporation	137	✓	·	·
CH 4537 Wiedlisbach	Wiba Kunststoff AG	264	✓	·	·
CH 5600 Lenzburg	Symalit AG	235	✓	·	·
CH 6300 Zug	Synco Kunststoff-Logistik AG	236	✓	·	✓
CH 8222 Beringen	Urs Sigrist AG	252	✓	·	·
CH 8408 Winterthur	Alpa AG	7	✓	·	✓
CH 8570 Weinfelden	Poly-Recycling AG	179	✓	✓	✓
CH 8572 Berg	Minger Kunststofftechnik AG	148	✓	·	·
CH 8706 Meilen	Albis Impex AG	6	✓	·	·
CH 9015 St. Gallen	Texta AG	243	✓	·	✓

Polystyrol (PS, SB, EPS)

Ort	Firma	Nr.	sortenrein	vermischt	verschmutzt
01744 Dippoldiswalde	Becker-Entsorgung und Recycling GmbH	18	✓	✓	✓
01851 Sebnitz	Wilhelm Kimmel GmbH & Co. KG	121	✓	·	·
04808 Streuben	KKK GmbH	123	✓	·	✓
06132 Halle	Ammendorfer Plastwerk GmbH	9	✓	·	·
06406 Bernburg	Multiport Recycling GmbH	158	✓	✓	✓
07407 Rudolstadt-Pflanzwirzbach	Plastaufbereitung Wild GmbH	175	✓	·	·
07778 Dorndorf-Steudnitz	HRU - Handel Recycling Umwelttech. GmbH	100	✓	✓	
07803 Neustadt (Orla)	Müller - Rohr GmbH & Co. KG	155	✓	✓	✓
08451 Crimmitschau	Gabor Entsorgung u. Recycling GmbH&Co.KG	74	✓	✓	·
09114 Chemnitz	Becker Umweltdienste GmbH	17	✓	✓	✓
09636 Langenau	Becker Umweltdienste GmbH	19	✓	✓	✓
12347 Berlin	Beab-Cycloplast GmbH	15	✓	·	·
13591 Berlin	FAB Kunststoff-Recycling u. Folien	59	✓	·	·
15234 Frankfurt/Oder	Becker + Armbrust GmbH	16	✓	✓	✓
15345 Rehfelde	T & T Plastic GmbH	248	✓	·	·
15890 Eisenhüttenstadt	LER - Lausitzer Entsorgung u. Rec. GmbH	139	✓	✓	✓
15890 Eisenhüttenstadt	Recycling Zentrum Brandenburg GmbH	194	✓	✓	✓
16515 Oranienburg	Polycon Ges. f. Kunststoffverarb. mbH	181	✓	✓	✓
16727 Velten	Welkisch Styropor Recycling GmbH	259	·	·	·
19322 Wittenberge	Becker Umweltdienste GmbH Perleberg	23	✓	✓	✓
19322 Wittenberge	bSR GmbH	36	✓	✓	✓

Polystyrol (PS, SB, EPS)

Ort	Firma	Nr.	sorten-rein	ver-mischt	ver-schmutzt
19348 Perleberg	BES GmbH	27	✓	✓	✓
19386 Kreien	RK Recycling Kreien GmbH	204	✓	✓	·
20539 Hamburg	Albis Plastic GmbH	5	✓	·	·
21220 Seevetal	Weska GmbH	263	✓	✓	✓
22041 Hamburg	Multi Kunststoff GmbH	156	✓	·	·
22085 Hamburg	Muehlstein International GmbH	154	✓	·	·
22111 Hamburg	Percoplastik Kunststoffwerk GmbH	171	✓	·	✓
22941 Bargteheide	KRB Kunststoffe GmbH	129	✓	·	·
23552 Lübeck	Possehl Erzkontor GmbH	187	✓	·	·
24558 Wakendorf	Albers Kunststoffe	4	✓	·	✓
24887 Silberstedt	Gesellschaft f. Umwelttechnik mbH	78	✓	✓	✓
25497 Prisdorf	REM Recycling GmbH	198	✓	·	✓
25563 Wrist	Hansa Kunststoff-Recycling	89	✓	·	·
26133 Oldenburg	E. Guski & Co.	84	✓	·	✓
26629 Großefehn	Beeko Plast Kunststoffe GmbH	25	✓	✓	✓
26871 Papenburg	Inuma GmbH	109	✓	✓	✓
27749 Delmenhorst	E.L. Antonini Außenhandels GmbH	10	✓	·	·
27779 Wildeshausen	Grashorn & Co. GmbH	82	✓	·	·
28203 Bremen	RKB Rohstoff Kontor Bremen GmbH	205	✓	·	·
28727 Bremen	Städtereinigung K. Nhelsen GmbH	228	✓	✓	·
30982 Pattensen	Calenberg GmbH	38	✓	✓	·
31618 Liebenau	Contek Kunststoffrecycling GmbH	42	✓	✓	✓
32051 Herford	KRS GmbH	131	✓	·	·
32547 Bad Oeynhausen	Paletti Palettensystemtechnik GmbH	167	✓	✓	✓

Polystyrol (PS, SB, EPS)

Ort	Firma	Nr.	sorten-rein	ver-mischt	ver-schmutzt
32602 Vlotho	Basi Kunststoffaufbereitung GmbH	13	✓	·	·
32791 Lage	Intraplast Recycling GmbH	108	✓	·	·
39615 Seehausen	Becker Entsorgung u. Recycling GmbH	22	✓	✓	✓
40862 Ratingen	Polymer GmbH	183	✓	·	·
41066 Mönchengladbach	A.&P. Drekopf GmbH & Co. KG	51	✓	✓	·
41460 Neuss	Woliplast-Folien GmbH	269	✓	·	·
41751 Viersen	Hoffmann + Voss GmbH	98	✓	·	·
42310 Wuppertal	Ernst Böhmke GmbH	30	✓	·	·
42680 Solingen	Regeno-Plast Kunststoffverarbeitung GmbH	196	✓	·	·
42697 Solingen	WMK Müller GmbH	267	✓	·	·
44008 Dortmund	Diffundit H.W. Kischkel KG	48	✓	·	·
44319 Dortmund	E. Huchtemeier GmbH & Co.KG	101	✓	✓	✓
46047 Oberhausen	Industrie Service Lukas	107	✓	·	·
46286 Dorsten	GHP GmbH i. Gr.	79	✓	✓	✓
47800 Krefeld	Janßen & Angenendt GmbH	112	✓	·	·
47809 Krefeld - Linn	Kunststoffe-Kremer	130	✓	·	·
48565 Steinfurt	Ravago Plastics Deutschland GmbH	190	✓	·	·
49393 Lohne	LKR - Lohner Kunststoffrecycling GmbH	142	✓	·	·
49420 Ellenstedt	Wela-Plast Recycling GmbH	258	✓	·	·
50829 Köln	Rethermoplast GmbH	201	✓	·	·
51491 Overath	Oerder Kunststoff u. Recycling	163	✓	·	·
52372 Kreuzau	Beyer Industrieprodukte GmbH & Co. KG	28	·	✓	✓
52382 Niederzier	Omnifol Kraus GmbH	165	✓	·	··
53179 Bonn	Kohli Chemie GmbH	126	·	·	·

Polystyrol (PS, SB, EPS)

Ort	Firma	Nr.	sortenrein	vermischt	verschmutzt
53179 Bonn-Mehlem	Clemens Recycling und Entsorgungs GmbH	40	✓	✓	✓
53498 Bad Breisig	K.-Recycling Bruno Lettau	140	✓	·	·
53539 Kelberg	ERE Kunststoff GmbH & Co. KG	57	✓	·	·
53721 Siegburg	Polyrec GmbH & Co. KG	185	✓	✓	·
55411 Bingen	Cogranu GmbH	41	✓	·	·
57539 Breitscheidt	KV + R GmbH	135	·	✓	✓
57539 Etzbach	Guschall GmbH	83	✓	✓	✓
59075 Hamm	Huchtemeier Recycling GmbH	102	✓	·	·
59174 Kamen	Huckschlag GmbH & Co. KG	103	✓	·	·
59581 Warstein	Monika Jäger	111	✓	✓	✓
63069 Offenbach	IATT GmbH	104	✓	·	·
63165 Mühlheim	Pal-Plast GmbH	166	✓	·	·
63225 Langen	Multi-Produkt GmbH	157	·	✓	·
63820 Elsenfeld	Pfister Kunststoffverarb. u. Rec. GmbH	172	✓	✓	·
65391 Lorch/Rhein	Schlaadt Plastics GmbH	217	✓	·	·
65779 Kelkheim	MKV Metall- u. Kunststoffverw. GmbH	150	✓	·	·
66265 Heusweiler	KTP Kunststofftechnik u. Prod. GmbH	134	·	✓	✓
66539 Neunkirchen	Saarpor Klaus Eckhardt GmbH	212	✓	·	·
66931 Pirmasens	Rohako H.W. Ulrich KG	206	✓	·	·
66954 Pirmasens	Jakob Becker Entsorgungs-GmbH	21	✓	✓	✓
67269 Grünstadt	Aero-Verpackungsges. mbH	1	✓	·	·
67547 Worms	Jakob Becker Entsorgungs-GmbH	24	✓	✓	✓
67547 Worms	WKR Altkunststoffprod. u. Vertr. GmbH	266	✓	✓	✓
67591 Mörstadt	KPV - GmbH	128	✓	✓	✓

Polystyrol (PS, SB, EPS)

Ort	Firma	Nr.	sortenrein	vermischt	verschmutzt
67657 Kaiserslautern	CHS-Martel GmbH	39	✓	✓	✓
67678 Mehlingen	Jakob Becker Entsorgungs-GmbH	20	✓	✓	✓
67678 Mehlingen	Emrich Kanalreinigung GmbH	55	✓	✓	✓
68169 Mannheim	G.A.S. GmbH & Co. KG	75	✓	✓	✓
69115 Heidelberg	Heidelberger Kunststofftechnik GmbH	91	✓	·	·
69245 Bammental	Regra GmbH	197	✓	·	·
70191 Stuttgart	Emil Pfleiderer GmbH & Co. KG	173	✓	✓	✓
72119 Pfaeffingen	Wilhelm Haug GmbH & Co. KG	90	✓	·	·
72555 Metzingen	Storopack H. Reichenecker GmbH & Co.	233	✓	·	·
72581 Dettingen	Jürgen Stiefel GmbH	232	✓	✓	✓
72704 Reutlingen	Estra-Kunststoff GmbH	58	✓	·	·
74360 Auenstein	IKR - Kunststoffrecycling GmbH	105	✓	✓	·
74579 Fichtenau	Theodor Rieger	203	✓	·	·
75059 Zaisenhausen	Recyco GmbH	195	✓	✓	·
76189 Karlsruhe	Recyclinganlage Karlsruhe GmbH	193	✓	✓	✓
76281 Rheinstetten	Südroh GmbH	234	✓	·	·
76661 Phillipsburg	F&E GmbH	60	✓	✓	✓
77704 Oberkirch	Gebr. Ruch GmbH & Co. KG	210	✓	·	·
77790 Steinach	KGM	119	✓	✓	✓
78436 Konstanz	Hämmerle Recycling GmbH	87	✓	·	✓
79111 Freiburg	Spohn GmbH & Co.	227	✓	·	·
79736 Rickenbach	KVR K.-Verwert. Rickenbach GmbH & Co. KG	136	·	✓	✓
80336 München	ITP GmbH & Co. KG	110	✓	✓	✓
83064 Raubling	Zewawell AG & Co. KG	273	✓	·	·

Polystyrol (PS, SB, EPS)

Ort	Firma	Nr.	sorten-rein	ver-mischt	ver-schmutzt
83361 Kienberg	KKR GmbH	124	✓	·	✓
84061 Ergoldsbach	Delta Plast Technology GmbH	47	✓	✓	✓
85053 Ingolstadt	Walter Fechner	61	✓	·	·
85221 Dachau	Peter Fink GmbH	63	✓	✓	·
85221 Dachau	popper + schmidt plastics	186	✓	·	·
85521 Ottobrunn	Zerzog GmbH & Co. KG	272	✓	·	·
8649 Wallenfels	Peter Scherner	216	✓	·	·
86633 Neuburg/Donau	Wipag Polymertechnik	265	✓	·	✓
87437 Kempten	EBS-Recycling GmbH	52	✓	·	✓
87437 Kempten	Fischer Papier+Glas Recycling GmbH	65	✓	·	·
87752 Holzgünz	Joma Dämmstoffwerk	115	✓	·	·
88063 Tettnang	Mössmer GmbH & Co.	151	✓	·	·
88212 Ravensburg	Fischer Recycling GmbH & Co. KG	66	✓	·	·
88214 Ravensburg	Moosmann GmbH & Co.	152	✓	·	·
88239 Wangen	Tetzlaff & Leib	241	✓	·	·
89264 Weißenhorn	Hiller KG Kunststoffaufbereitung	93	✓	·	·
89440 Lutzingen	Wertstoffe aus Abfall e.V.	262	✓	·	✓
89542 Herbrechtingen	Flo-Pak GmbH	68	✓	·	·
90587 Veitsbronn	Fraku Kunststoffe Verkaufs GmbH	70	✓	·	·
91589 Aurach	Planex GmbH	174	✓	✓	✓
91593 Burgbernheim	Bratke Kunststofftechnik	33	✓	·	·
91792 Ellingen	HOH Recycling Handels GmbH	99	✓	·	·
92334 Berching	Recenta Leichtverpackungs GmbH	191	✓	·	·
92342 Freystadt-Forchheim	Manfred Leibold	138	✓	·	·
92542 Dieterskirchen	Diku-Kunststoff GmbH	49	✓	·	·

Polystyrol (PS, SB, EPS)

Ort	Firma	Nr.	sortenrein	vermischt	verschmutzt
92637 Weiden	Mitras Kunststoffe GmbH	149	✓	·	·
93351 Painten	Rygol-Dämmstoffwerk Werner Rygol KG	211	✓	·	·
94315 Straubing	Michael Wolf	268	✓	✓	·
94529 Aicha v. Wald	STF Thermoform-Folien GmbH	231	·	✓	✓
97526 Sennefeld	RPM Recyclin Plastic Materie GmbH	208	✓	·	·
97776 Eussenheim	Sohler Plastik GMBH	223	✓	·	·
98544 Zella-Mehlis	Z-M Entsorgung und Recycling GmbH	276	✓	✓	✓
98617 Neubrunn	Wasa Recycling-Technik GmbH	256	✓	·	✓
98663 Ummerstadt	UPR Plastic-Recycling GmbH	251	✓	·	·
99441 Magdala	S+D Kunststoffrecycling GmbH	220	✓	·	·
A 1235 Wien	Dkfm. A. Tree GmbH	247	✓	·	·
A 2700 Wr. Neustadt	ÖKR-Österr. K.-Recyclingges. mbH	162	✓	✓	✓
A 4222 St. Georgen/ Gusen	Zentraplast GmbH	271	✓	·	✓
A 4502 St. Marien	OKUV Blaimschein KG	164	✓	·	·
A 5261 Uttendorf	Aisaplast Eva-Regina Santner	2	✓	·	·
A 6890 Lustenau	Rupert Hofer GmbH	97	✓	·	✓
A 6923 Lauterach	Flatz GmbH	67	✓	·	·
A 8610 Wildon	Ecoplast GmbH	53	✓	·	·
A 9100 Völkermarkt	Kruschitz Werner	133	✓	✓	✓
A 9111 Haimburg	Mekaplast Warenhandelsges. mbH	144	✓	✓	✓
A 9555 Glanegg 58	Kurt Hirsch Kunststoffwerk GmbH	94	✓	·	·
CH 4537 Wiedlisbach	Wiba Kunststoff AG	264	✓	·	·
CH 6300 Zug	Synco Kunststoff-Logistik AG	236	✓	·	✓

Polystyrol (PS, SB, EPS)

Ort	Firma	Nr.	sortenrein	vermischt	verschmutzt
CH 8222 Beringen	Urs Sigrist AG	252	✓	·	·
CH 8408 Winterthur	Alpa AG	7	✓	·	✓
CH 8570 Weinfelden	Poly-Recycling AG	179	✓	✓	✓
CH 8572 Berg	Minger Kunststofftechnik AG	148	✓	·	·
CH 8706 Meilen	Albis Impex AG	6	✓	·	·
CH 9015 St. Gallen	Texta AG	243	✓	·	✓

Styrol-Acrylnitril-Copolymerisate (SAN)

Ort	Firma	Nr.	sortenrein	vermischt	verschmutzt
01744 Dippoldiswalde	Becker-Entsorgung und Recycling GmbH	18	✓	✓	✓
07803 Neustadt (Orla)	Müller - Rohr GmbH & Co. KG	155	✓	✓	✓
09114 Chemnitz	Becker Umweltdienste GmbH	17	✓	✓	✓
09636 Langenau	Becker Umweltdienste GmbH	19	✓	✓	✓
12347 Berlin	Beab-Cycloplast GmbH	15	✓	.	.
13591 Berlin	FAB Kunststoff-Recycling u. Folien	59	✓	.	.
15234 Frankfurt/Oder	Becker + Armbrust GmbH	16	✓	✓	✓
15345 Rehfelde	T & T Plastic GmbH	248	✓	.	.
15890 Eisenhüttenstadt	LER - Lausitzer Entsorgung u. Rec. GmbH	139	✓	✓	✓
16515 Oranienburg	Polycon Ges. f. Kunststoffverarb. mbH	181	✓	✓	✓
19322 Wittenberge	Becker Umweltdienste GmbH Perleberg	23	✓	✓	✓
19322 Wittenberge	bSR GmbH	36	✓	✓	✓
19348 Perleberg	BES GmbH	27	✓	✓	✓
20539 Hamburg	Albis Plastic GmbH	5	✓	.	.
21465 Reinbek	Tekuma Kunststoff GmbH	239	✓	.	.
22041 Hamburg	Multi Kunststoff GmbH	156	✓	.	.
22111 Hamburg	Percoplastik Kunststoffwerk GmbH	171	✓	.	✓
22113 Oststeinbeck	Polyma Kunststoff GmbH & Co. KG	182	✓	.	.
22941 Bargteheide	KRB Kunststoffe GmbH	129	✓	.	.
23552 Lübeck	Possehl Erzkontor GmbH	187	✓	.	.
24887 Silberstedt	Gesellschaft f. Umwelttechnik mbH	78	✓	✓	✓
26629 Großefehn	Beeko Plast Kunststoffe GmbH	25	✓	✓	✓
27749 Delmenhorst	E.L. Antonini Außenhandels GmbH	10	✓	.	.

Styrol-Acrylnitril-Copolymerisate (SAN)

Ort	Firma	Nr.	sortenrein	vermischt	verschmutzt
28203 Bremen	RKB Rohstoff Kontor Bremen GmbH	205	✓	·	·
28237 Bremen	Plastolen GmbH	177	✓	·	·
30982 Pattensen	Calenberg GmbH	38	✓	✓	·
32547 Bad Oeynhausen	Paletti Palettensystemtechnik GmbH	167	✓	✓	✓
32791 Lage	Intraplast Recycling GmbH	108	✓	·	·
39615 Seehausen	Becker Entsorgung u. Recycling GmbH	22	✓	✓	✓
40862 Ratingen	Polymer GmbH	183	✓	·	·
41751 Viersen	Hoffmann + Voss GmbH	98	✓	·	·
42310 Wuppertal	Ernst Böhmke GmbH	30	✓	·	·
42680 Solingen	Regeno-Plast Kunststoffverarbeitung GmbH	196	✓	·	·
42697 Solingen	WMK Müller GmbH	267	✓	·	·
44008 Dortmund	Diffundit H.W. Kischkel KG	48	✓	·	·
44625 Herne	Ter Hell Plastic GmbH	240	✓	·	·
47800 Krefeld	Janßen & Angenendt GmbH	112	✓	·	·
48565 Steinfurt	Ravago Plastics Deutschland GmbH	190	✓	·	·
49393 Lohne	LKR - Lohner Kunststoffrecycling GmbH	142	✓	·	·
49420 Ellenstedt	Wela-Plast Recycling GmbH	258	✓	·	·
53179 Bonn	Kohli Chemie GmbH	126	·	·	·
53498 Bad Breisig	K.-Recycling Bruno Lettau	140	✓	·	·
53539 Kelberg	ERE Kunststoff GmbH & Co. KG	57	✓	·	·
53721 Siegburg	Polyrec GmbH & Co. KG	185	✓	✓	·
57539 Etzbach	Guschall GmbH	83	✓	✓	✓
59075 Hamm	Huchtemeier Recycling GmbH	102	✓	·	·
59304 Ennigerloh	Geba Kunststoffhandel-K.-Recycling GmbH	76	✓	·	·

Styrol-Acrylnitril-Copolymerisate (SAN)

Ort	Firma	Nr.	sorten-rein	ver-mischt	ver-schmutzt
59581 Warstein	Monika Jäger	111	✓	✓	✓
63069 Offenbach	IATT GmbH	104	✓	·	·
63165 Muehlheim	Edmund K. Sattler	213	✓	·	·
63165 Mühlheim	Pal-Plast GmbH	166	✓	·	·
64347 Griesheim	Pro-Plast Kunststoff GmbH	189	✓	·	·
65779 Kelkheim	MKV Metall- u. Kunststoffverw. GmbH	150	✓	·	·
66931 Pirmasens	Rohako H.W. Ulrich KG	206	✓	·	·
66954 Pirmasens	Jakob Becker Entsorgungs-GmbH	21	✓	✓	✓
67547 Worms	Jakob Becker Entsorgungs-GmbH	24	✓	✓	✓
67547 Worms	WKR Altkunststoffprod. u. Vertr. GmbH	266	✓	✓	✓
67591 Mörstadt	KPV - GmbH	128	✓	✓	✓
67678 Mehlingen	Jakob Becker Entsorgungs-GmbH	20	✓	✓	✓
67678 Mehlingen	Emrich Kanalreinigung GmbH	55	✓	✓	✓
70191 Stuttgart	Emil Pfleiderer GmbH & Co. KG	173	✓	✓	✓
72581 Dettingen	Jürgen Stiefel GmbH	232	✓	✓	✓
72704 Reutlingen	Estra-Kunststoff GmbH	58	✓	·	·
74360 Auenstein	IKR - Kunststoffrecycling GmbH	105	✓	✓	·
74579 Fichtenau	Theodor Rieger	203	✓	·	·
75059 Zaisenhausen	Recyco GmbH	195	✓	✓	·
76661 Phillipsburg	F&E GmbH	60	✓	✓	✓
79111 Freiburg	Spohn GmbH & Co.	227	✓	·	·
84061 Ergoldsbach	Delta Plast Technology GmbH	47	✓	✓	✓
85053 Ingolstadt	Walter Fechner	61	✓	·	·
85221 Dachau	popper + schmidt plastics	186	✓	·	·
86633 Neuburg/Donau	Wipag Polymertechnik	265	✓	·	✓

Styrol-Acrylnitril-Copolymerisate (SAN)

Ort	Firma	Nr.	sortenrein	vermischt	verschmutzt
87437 Kempten	EBS-Recycling GmbH	52	✓	·	✓
89440 Lutzingen	Wertstoffe aus Abfall e.V.	262	✓	·	✓
90587 Veitsbronn	Fraku Kunststoffe Verkaufs GmbH	70	✓	·	·
91593 Burgbernheim	Bratke Kunststofftechnik	33	✓	·	·
91792 Ellingen	HOH Recycling Handels GmbH	99	✓	·	·
92342 Freystadt-Forchheim	Manfred Leibold	138	✓	·	·
92542 Dieterskirchen	Diku-Kunststoff GmbH	49	✓	·	·
94315 Straubing	Michael Wolf	268	✓	✓	·
97526 Sennefeld	RPM Recyclin Plastic Materie GmbH	208	✓	·	·
98544 Zella-Mehlis	Z-M Entsorgung und Recycling GmbH	276	✓	✓	✓
99441 Magdala	S+D Kunststoffrecycling GmbH	220	✓	·	·
A 1235 Wien	Dkfm. A. Tree GmbH	247	✓	·	·
A 4222 St. Georgen/Gusen	Zentraplast GmbH	271	✓	·	✓
A 4502 St. Marien	OKUV Blaimschein KG	164	✓	·	·
A 5261 Uttendorf	Aisaplast Eva-Regina Santner	2	✓	·	·
A 9100 Völkermarkt	Kruschitz Werner	133	✓	✓	✓
A 9111 Haimburg	Mekaplast Warenhandelsges. mbH	144	✓	✓	✓
CH 4537 Wiedlisbach	Wiba Kunststoff AG	264	✓	·	·
CH 6300 Zug	Synco Kunststoff-Logistik AG	236	✓	·	✓
CH 8222 Beringen	Urs Sigrist AG	252	✓	·	·
CH 8408 Winterthur	Alpa AG	7	✓	·	✓
CH 8706 Meilen	Albis Impex AG	6	✓	·	·
CH 9015 St. Gallen	Texta AG	243	✓	·	✓

Acrylnitril-Styrol-Acrylester-Copolymerisate (ASA)

Ort	Firma	Nr.	sorten-rein	ver-mischt	ver-schmutzt
09114 Chemnitz	Becker Umweltdienste GmbH	17	✓	✓	✓
09636 Langenau	Becker Umweltdienste GmbH	19	✓	✓	✓
15234 Frankfurt/Oder	Becker + Armbrust GmbH	16	✓	✓	✓
15890 Eisenhüttenstadt	LER - Lausitzer Entsorgung u. Rec. GmbH	139	✓	✓	✓
16515 Oranienburg	Polycon Ges. f. Kunststoffverarb. mbH	181	✓	✓	✓
19322 Wittenberge	Becker Umweltdienste GmbH Perleberg	23	✓	✓	✓
19322 Wittenberge	bSR GmbH	36	✓	✓	✓
19348 Perleberg	BES GmbH	27	✓	✓	✓
22041 Hamburg	Multi Kunststoff GmbH	156	✓	.	.
22111 Hamburg	Percoplastik Kunststoffwerk GmbH	171	✓	.	✓
25563 Wrist	Hansa Kunststoff-Recycling	89	✓	.	.
26629 Großefehn	Beeko Plast Kunststoffe GmbH	25	✓	✓	✓
30982 Pattensen	Calenberg GmbH	38	✓	✓	.
32547 Bad Oeynhausen	Paletti Palettensystemtechnik GmbH	167	✓	✓	✓
32791 Lage	Intraplast Recycling GmbH	108	✓	.	.
39615 Seehausen	Becker Entsorgung u. Recycling GmbH	22	✓	✓	✓
41751 Viersen	Hoffmann + Voss GmbH	98	✓	.	.
42310 Wuppertal	Ernst Böhmke GmbH	30	✓	.	.
42680 Solingen	Regeno-Plast Kunststoffverarbeitung GmbH	196	✓	.	.
44008 Dortmund	Diffundit H.W. Kischkel KG	48	✓	.	.
44625 Herne	Ter Hell Plastic GmbH	240	✓	.	.
53539 Kelberg	ERE Kunststoff GmbH & Co. KG	57	✓	.	.
53721 Siegburg	Polyrec GmbH & Co. KG	185	✓	✓	.
59581 Warstein	Monika Jäger	111	✓	✓	✓

Acrylnitril-Styrol-Acrylester-Copolymerisate (ASA)

Ort	Firma	Nr.	sortenrein	vermischt	verschmutzt
63165 Mühlheim	Pal-Plast GmbH	166	✓	.	.
64347 Griesheim	Pro-Plast Kunststoff GmbH	189	✓	.	.
65779 Kelkheim	MKV Metall- u. Kunststoffverw. GmbH	150	✓	.	.
66954 Pirmasens	Jakob Becker Entsorgungs-GmbH	21	✓	✓	✓
67547 Worms	Jakob Becker Entsorgungs-GmbH	24	✓	✓	✓
67547 Worms	WKR Altkunststoffprod. u. Vertr. GmbH	266	✓	✓	✓
67591 Mörstadt	KPV - GmbH	128	✓	✓	✓
67678 Mehlingen	Jakob Becker Entsorgungs-GmbH	20	✓	✓	✓
67678 Mehlingen	Emrich Kanalreinigung GmbH	55	✓	✓	✓
70191 Stuttgart	Emil Pfleiderer GmbH & Co. KG	173	✓	✓	✓
72704 Reutlingen	Estra-Kunststoff GmbH	58	✓	.	.
74360 Auenstein	IKR - Kunststoffrecycling GmbH	105	✓	✓	.
76661 Phillipsburg	F&E GmbH	60	✓	✓	✓
79111 Freiburg	Spohn GmbH & Co.	227	✓	.	.
80336 München	ITP GmbH &Co. KG	110	✓	✓	✓
84061 Ergoldsbach	Delta Plast Technology GmbH	47	✓	✓	✓
85053 Ingolstadt	Walter Fechner	61	✓	.	.
85221 Dachau	popper + schmidt plastics	186	✓	.	.
86633 Neuburg/Donau	Wipag Polymertechnik	265	✓	.	✓
87437 Kempten	EBS-Recycling GmbH	52	✓	.	✓
90587 Veitsbronn	Fraku Kunststoffe Verkaufs GmbH	70	✓	.	.
91593 Burgbernheim	Bratke Kunststofftechnik	33	✓	.	.
92542 Dieterskirchen	Diku-Kunststoff GmbH	49	✓	.	.
92637 Weiden	Mitras Kunststoffe GmbH	149	✓	.	.

Acrylnitril-Styrol-Acrylester-Copolymerisate (ASA)

Ort	Firma	Nr.	sorten-rein	ver-mischt	ver-schmutzt
98544 Zella-Mehlis	Z-M Entsorgung und Recycling GmbH	276	✓	✓	✓
99441 Magdala	S+D Kunststoffrecycling GmbH	220	✓	·	·
A 4222 St. Georgen/ Gusen	Zentraplast GmbH	271	✓	·	✓
A 4502 St. Marien	OKUV Blaimschein KG	164	✓	·	·
A 5261 Uttendorf	Aisaplast Eva-Regina Santner	2	✓	·	·
A 9100 Völkermarkt	Kruschitz Werner	133	✓	✓	✓
A 9111 Haimburg	Mekaplast Warenhandelsges. mbH	144	✓	✓	✓
CH 4537 Wiedlisbach	Wiba Kunststoff AG	264	✓	·	·
CH 8222 Beringen	Urs Sigrist AG	252	✓	·	·
CH 8706 Meilen	Albis Impex AG	6	✓	·	·
01744 Dippoldiswalde	Becker-Entsorgung und Recycling GmbH	18	✓	✓	✓

Acrylnitril-Butadien-Styrol-Copolymerisate (ABS)

Ort	Firma	Nr.	sorten-rein	ver-mischt	ver-schmutzt
01744 Dippoldiswalde	Becker-Entsorgung und Recycling GmbH	18	✓	✓	✓
06132 Halle	Ammendorfer Plastwerk GmbH	9	✓	·	·
06406 Bernburg	Multiport Recycling GmbH	158	✓	✓	✓
07407 Rudolstadt-Pflanzwirzbach	Plastaufbereitung Wild GmbH	175	✓	·	·
07803 Neustadt (Orla)	Müller - Rohr GmbH & Co. KG	155	✓	✓	✓
07806 Weira	LPK-plarecy-Kunststoffbeton GmbH	143	·	✓	✓
08451 Crimmitschau	Gabor Entsorgung u. Recycling GmbH&Co.KG	74	✓	✓	·
09114 Chemnitz	Becker Umweltdienste GmbH	17	✓	✓	✓
09636 Langenau	Becker Umweltdienste GmbH	19	✓	✓	✓
12347 Berlin	Beab-Cycloplast GmbH	15	✓	·	·
12587 Berlin	KGF Kunststoff Gmbh Friedrichshagen	118	✓	·	·
13591 Berlin	FAB Kunststoff-Recycling u. Folien	59	✓	·	·
15234 Frankfurt/Oder	Becker + Armbrust GmbH	16	✓	✓	✓
15345 Rehfelde	T & T Plastic GmbH	248	✓	·	·
15890 Eisenhüttenstadt	LER - Lausitzer Entsorgung u. Rec. GmbH	139	✓	✓	✓
16515 Oranienburg	Polycon Ges. f. Kunststoffverarb. mbH	181	✓	✓	✓
19322 Wittenberge	Becker Umweltdienste GmbH Perleberg	23	✓	✓	✓
19322 Wittenberge	bSR GmbH	36	✓	✓	✓
19348 Perleberg	BES GmbH	27	✓	✓	✓
19386 Kreien	RK Recycling Kreien GmbH	204	✓	✓	·
20539 Hamburg	Albis Plastic GmbH	5	✓	·	·
21220 Seevetal	Weska GmbH	263	✓	✓	✓

Acrylnitril-Butadien-Styrol-Copolymerisate (ABS)

Ort	Firma	Nr.	sorten-rein	ver-mischt	ver-schmutzt
21465 Reinbek	Tekuma Kunststoff GmbH	239	✓	·	·
22041 Hamburg	Multi Kunststoff GmbH	156	✓	·	·
22085 Hamburg	Muehlstein International GmbH	154	✓	·	·
22111 Hamburg	Percoplastik Kunststoffwerk GmbH	171	✓	·	✓
22113 Oststeinbek	Polyma Kunststoff GmbH & Co. KG	182	✓	·	·
22941 Bargteheide	KRB Kunststoffe GmbH	129	✓	·	·
23552 Lübeck	Possehl Erzkontor GmbH	187	✓	·	·
24558 Wakendorf	Albers Kunststoffe	4	✓	·	✓
24887 Silberstedt	Gesellschaft f. Umwelttechnik mbH	78	✓	✓	✓
24941 Flensburg	Städtereinigung Nord GmbH & Co. KG	229	✓	✓	·
25563 Wrist	Hansa Kunststoff-Recycling	89	✓	·	·
26629 Großefehn	Beeko Plast Kunststoffe GmbH	25	✓	✓	✓
26831 Bunde	Kolthoff GmbH	127	✓	·	✓
27749 Delmenhorst	E.L. Antonini Außenhandels GmbH	10	✓	·	·
27779 Wildeshausen	Grashorn & Co. GmbH	82	✓	·	·
28203 Bremen	RKB Rohstoff Kontor Bremen GmbH	205	✓	·	·
28237 Bremen	Plastolen GmbH	177	✓	·	·
30982 Pattensen	Calenberg GmbH	38	✓	✓	·
31618 Liebenau	Contek Kunststoffrecycling GmbH	42	✓	✓	✓
31855 Aerzen/Reher	M+S Kunststoffe u. Recycling GmbH	153	✓	·	·
32547 Bad Oeynhausen	Paletti Palettensystemtechnik GmbH	167	✓	✓	✓
32602 Vlotho	Basi Kunststoffaufbereitung GmbH	13	✓	·	·

Acrylnitril-Butadien-Styrol-Copolymerisate (ABS)

Ort	Firma	Nr.	sorten-rein	ver-mischt	ver-schmutzt
32791 Lage	Intraplast Recycling GmbH	108	✓	.	.
37276 Meinhard-Frieda	Friedola Gebr. Holzapfel GmbH & Co. KG	72	✓	.	.
39615 Seehausen	Becker Entsorgung u. Recycling GmbH	22	✓	✓	✓
40862 Ratingen	Polymer GmbH	183	✓	.	.
41751 Viersen	Hoffmann + Voss GmbH	98	✓	.	.
42310 Wuppertal	Ernst Böhmke GmbH	30	✓	.	.
42680 Solingen	Regeno-Plast Kunststoffverarbeitung GmbH	196	✓	.	.
42697 Solingen	WMK Müller GmbH	267	✓	.	.
44008 Dortmund	Diffundit H.W. Kischkel KG	48	✓	.	.
44319 Dortmund	E. Huchtemeier GmbH & Co.KG	101	✓	✓	✓
44625 Herne	Ter Hell Plastic GmbH	240	✓	.	.
46047 Oberhausen	Industrie Service Lukas	107	✓	.	.
46286 Dorsten	GHP GmbH i. Gr.	79	✓	✓	✓
47800 Krefeld	Janßen & Angenendt GmbH	112	✓	.	.
48565 Steinfurt	Ravago Plastics Deutschland GmbH	190	✓	.	.
49393 Lohne	LKR - Lohner Kunststoffrecycling GmbH	142	✓	.	.
49420 Ellenstedt	Wela-Plast Recycling GmbH	258	✓	.	.
50829 Köln	Rethermoplast GmbH	201	✓	.	.
51491 Overath	Oerder Kunststoff u. Recycling	163	✓	.	.
52382 Niederzier	Omnifol Kraus GmbH	165	✓	.	.
53179 Bonn	Kohli Chemie GmbH	126	.	.	.
53179 Bonn-Mehlem	Clemens Recycling und Entsorgungs GmbH	40	✓	✓	✓
53498 Bad Breisig	K.-Recycling Bruno Lettau	140	✓	.	.
53539 Kelberg	ERE Kunststoff GmbH & Co. KG	57	✓	.	.

Acrylnitril-Butadien-Styrol-Copolymerisate (ABS)

Ort	Firma	Nr.	sorten-rein	ver-mischt	ver-schmutzt
53721 Siegburg	Polyrec GmbH & Co. KG	185	✓	✓	·
56727 Mayen	Hans Hennerici oHG	92	✓	·	✓
57539 Etzbach	Guschall GmbH	83	✓	✓	✓
58515 Lüdenscheid	S. Occhipinti GmbH	160	✓	·	·
59075 Hamm	Huchtemeier Recycling GmbH	102	✓	·	·
59304 Ennigerloh	Geba Kunststoffhandel-K.-Recycling GmbH	76	✓	·	·
59581 Warstein	Monika Jäger	111	✓	✓	✓
63069 Offenbach	IATT GmbH	104	✓	·	·
63165 Muehlheim	Edmund K. Sattler	213	✓	·	·
63165 Mühlheim	Pal-Plast GmbH	166	✓	·	·
63225 Langen	Multi-Produkt GmbH	157	·	✓	·
63820 Elsenfeld	Pfister Kunststoffverarb. u. Rec. GmbH	172	✓	✓	·
64347 Griesheim	Pro-Plast Kunststoff GmbH	189	✓	·	·
65779 Kelkheim	MKV Metall- u. Kunststoffverw. GmbH	150	✓	·	·
66931 Pirmasens	Rohako H.W. Ulrich KG	206	✓	·	·
66954 Pirmasens	Jakob Becker Entsorgungs-GmbH	21	✓	✓	✓
67547 Worms	Jakob Becker Entsorgungs-GmbH	24	✓	✓	✓
67547 Worms	WKR Altkunststoffprod. u. Vertr. GmbH	266	✓	✓	✓
67591 Mörstadt	KPV - GmbH	128	✓	✓	✓
67657 Kaiserslautern	CHS-Martel GmbH	39	✓	✓	✓
67678 Mehlingen	Jakob Becker Entsorgungs-GmbH	20	✓	✓	✓
67678 Mehlingen	Emrich Kanalreinigung GmbH	55	✓	✓	✓
68169 Mannheim	G.A.S. GmbH & Co. KG	75	✓	✓	✓
69245 Bammental	Regra GmbH	197	✓	·	·

Acrylnitril-Butadien-Styrol-Copolymerisate (ABS)

Ort	Firma	Nr.	sorten-rein	vermischt	verschmutzt
70191 Stuttgart	Emil Pfleiderer GmbH & Co. KG	173	✓	✓	✓
72336 Balingen	Schenk Recycling GmbH	215	✓	·	·
72581 Dettingen	Jürgen Stiefel GmbH	232	✓	✓	✓
72704 Reutlingen	Estra-Kunststoff GmbH	58	✓	·	·
74360 Auenstein	IKR - Kunststoffrecycling GmbH	105	✓	✓	·
74579 Fichtenau	Theodor Rieger	203	✓	·	·
74722 Buchen	Odenwälder Kunststoffwerk	161	✓	·	·
75020 Eppingen	Cabka Plast GmbH	37	✓	✓	✓
75059 Zaisenhausen	Recyco GmbH	195	✓	✓	·
76189 Karlsruhe	Recyclinganlage Karlsruhe GmbH	193	✓	✓	✓
76661 Phillipsburg	F&E GmbH	60	✓	✓	✓
77790 Steinach	KGM	119	✓	✓	✓
79111 Freiburg	Spohn GmbH & Co.	227	✓	·	·
80336 München	ITP GmbH &Co. KG	110	✓	✓	✓
84061 Ergoldsbach	Delta Plast Technology GmbH	47	✓	✓	✓
85053 Ingolstadt	Walter Fechner	61	✓	·	·
85221 Dachau	Peter Fink GmbH	63	✓	✓	·
85221 Dachau	popper + schmidt plastics	186	✓	·	·
8649 Wallenfels	Peter Scherner	216	✓	·	·
86633 Neuburg/Donau	Wipag Polymertechnik	265	✓	·	✓
87437 Kempten	EBS-Recycling GmbH	52	✓	·	✓
89440 Lutzingen	Wertstoffe aus Abfall e.V.	262	✓	·	✓
90587 Veitsbronn	Fraku Kunststoffe Verkaufs GmbH	70	✓	·	·
91589 Aurach	Planex GmbH	174	✓	✓	✓
91593 Burgbernheim	Bratke Kunststofftechnik	33	✓	·	·
91792 Ellingen	HOH Recycling Handels GmbH	99	✓	·	·

Acrylnitril-Butadien-Styrol-Copolymerisate (ABS)

Ort	Firma	Nr.	sortenrein	vermischt	verschmutzt
92342 Freystadt-Forchheim	Manfred Leibold	138	✓	·	·
92542 Dieterskirchen	Diku-Kunststoff GmbH	49	✓	·	·
92637 Weiden	Mitras Kunststoffe GmbH	149	✓	·	·
94315 Straubing	Michael Wolf	268	✓	✓	·
97526 Sennefeld	RPM Recyclin Plastic Materie GmbH	208	✓	·	·
97776 Eussenheim	Sohler Plastik GMBH	223	✓	·	·
98544 Zella-Mehlis	Z-M Entsorgung und Recycling GmbH	276	✓	✓	✓
98663 Ummerstadt	UPR Plastic-Recycling GmbH	251	✓	·	·
99441 Magdala	S+D Kunststoffrecycling GmbH	220	✓	·	·
A 1235 Wien	Dkfm. A. Tree GmbH	247	✓	·	·
A 2700 Wr. Neustadt	ÖKR-Österr. K.-Recyclinggges. mbH	162	✓	✓	✓
A 4222 St. Georgen/Gusen	Zentraplast GmbH	271	✓	·	✓
A 4502 St. Marien	OKUV Blaimschein KG	164	✓	·	·
A 4600 Wels	Gerhard Walter	255	✓	·	✓
A 5261 Uttendorf	Aisaplast Eva-Regina Santner	2	✓	·	·
A 6890 Lustenau	Rupert Hofer GmbH	97	✓	·	✓
A 8610 Wildon	Ecoplast GmbH	53	✓	·	·
A 9100 Völkermarkt	Kruschitz Werner	133	✓	✓	✓
A 9111 Haimburg	Mekaplast Warenhandelsges. mbH	144	✓	✓	✓
CH 4537 Wiedlisbach	Wiba Kunststoff AG	264	✓	·	·
CH 6300 Zug	Synco Kunststoff-Logistik AG	236	✓	·	✓
CH 8222 Beringen	Urs Sigrist AG	252	✓	·	·
CH 8408 Winterthur	Alpa AG	7	✓	·	✓
CH 8706 Meilen	Albis Impex AG	6	✓	·	·
CH 9015 St. Gallen	Texta AG	243	✓	·	✓

Polyamide (PA 6, PA 66, PA 11, PA 12)

Ort	Firma	Nr.	sorten-rein	ver-mischt	ver-schmutzt
01744 Dippoldiswalde	Becker-Entsorgung und Recycling GmbH	18	✓	✓	✓
01851 Sebnitz	Wilhelm Kimmel GmbH & Co. KG	121	✓	·	·
06406 Bernburg	Multiport Recycling GmbH	158	✓	✓	✓
06667 Weißenfels	DMK Metall u. K-Recycling GmbH	50	✓	·	·
07407 Rudolstadt-Pflanzwirzbach	Plastaufbereitung Wild GmbH	175	✓	·	·
07778 Dorndorf-Steudnitz	HRU - Handel Recycling Umwelttech. GmbH	100	✓	✓	·
07803 Neustadt (Orla)	Müller - Rohr GmbH & Co. KG	155	✓	✓	✓
07806 Weira	LPK-plarecy-Kunststoffbeton GmbH	143	·	✓	✓
09114 Chemnitz	Becker Umweltdienste GmbH	17	✓	✓	✓
09636 Langenau	Becker Umweltdienste GmbH	19	✓	✓	✓
12347 Berlin	Beab-Cycloplast GmbH	15	✓	·	·
13591 Berlin	FAB Kunststoff-Recycling u. Folien	59	✓	·	·
15234 Frankfurt/Oder	Becker + Armbrust GmbH	16	✓	✓	✓
15345 Rehfelde	T & T Plastic GmbH	248	✓	·	·
15890 Eisenhüttenstadt	LER - Lausitzer Entsorgung u. Rec. GmbH	139	✓	✓	✓
16515 Oranienburg	Polycon Ges. f. Kunststoffverarb. mbH	181	✓	✓	✓
19322 Wittenberge	Becker Umweltdienste GmbH Perleberg	23	✓	✓	✓
19322 Wittenberge	bSR GmbH	36	✓	✓	✓
19348 Perleberg	BES GmbH	27	✓	✓	✓
19386 Kreien	RK Recycling Kreien GmbH	204	✓	✓	·
20539 Hamburg	Albis Plastic GmbH	5	✓	·	·
21220 Seevetal	Weska GmbH	263	✓	✓	✓

Polyamide (PA 6, PA 66, PA 11, PA 12)

Ort	Firma	Nr.	sorten-rein	ver-mischt	ver-schmutzt
21465 Reinbek	Tekuma Kunststoff GmbH	239	✓	·	·
22041 Hamburg	Multi Kunststoff GmbH	156	✓	·	·
22085 Hamburg	Muehlstein International GmbH	154	✓	·	·
22113 Oststeinbeck	Polyma Kunststoff GmbH & Co. KG	182	✓	·	·
22359 Hamburg	Unifolie Handels GmbH	250	✓	✓	✓
22941 Bargteheide	KRB Kunststoffe GmbH	129	✓	·	·
23552 Lübeck	Possehl Erzkontor GmbH	187	✓	·	·
24887 Silberstedt	Gesellschaft f. Umwelttechnik mbH	78	✓	✓	✓
24941 Flensburg	Städtereinigung Nord GmbH & Co. KG	229	✓	✓	·
25563 Wrist	Hansa Kunststoff-Recycling	89	✓	·	·
26629 Großefehn	Beeko Plast Kunststoffe GmbH	25	✓	✓	✓
27749 Delmenhorst	E.L. Antonini Außenhandels GmbH	10	✓	·	·
28203 Bremen	RKB Rohstoff Kontor Bremen GmbH	205	✓	·	·
28237 Bremen	Plastolen GmbH	177	✓	·	·
29614 Soltau	Soltaplast GmbH	225	✓	·	·
30982 Pattensen	Calenberg GmbH	38	✓	✓	·
32547 Bad Oeynhausen	Paletti Palettensystemtechnik GmbH	167	✓	✓	✓
32602 Vlotho	Basi Kunststoffaufbereitung GmbH	13	✓	·	·
32791 Lage	Intraplast Recycling GmbH	108	✓	·	·
33790 Halle	Johann Borgers GmbH & Co. KG	31	✓	·	·
37276 Meinhard-Frieda	Friedola Gebr. Holzapfel GmbH & Co. KG	72	✓	·	·
39615 Seehausen	Becker Entsorgung u. Recycling GmbH	22	✓	✓	✓

Polyamide (PA 6, PA 66, PA 11, PA 12)

Ort	Firma	Nr.	sortenrein	vermischt	verschmutzt
41751 Viersen	Hoffmann + Voss GmbH	98	✓	·	·
42310 Wuppertal	Ernst Böhmke GmbH	30	✓	·	·
42680 Solingen	Regeno-Plast Kunststoffverarbeitung GmbH	196	✓	·	·
42697 Solingen	WMK Müller GmbH	267	✓	·	·
44008 Dortmund	Diffundit H.W. Kischkel KG	48	✓	·	·
44319 Dortmund	E. Huchtemeier GmbH & Co.KG	101	✓	✓	✓
44625 Herne	Ter Hell Plastic GmbH	240	✓	·	·
46047 Oberhausen	Industrie Service Lukas	107	✓	·	·
47800 Krefeld	Janßen & Angenendt GmbH	112	✓	·	·
47877 Willich	Litter Pac GmbH	141	✓	·	·
48356 Nordwalde	Rethmann-Plano GmbH	202	✓	·	✓
48599 Gronau-Epe	Altex Textil Recycling GmbH & Co. KG	8	✓	·	·
49393 Lohne	LKR - Lohner Kunststoffrecycling GmbH	142	✓	·	·
50829 Köln	Rethermoplast GmbH	201	✓	·	·
51491 Overath	Oerder Kunststoff u. Recycling	163	✓	·	·
53179 Bonn-Mehlem	Clemens Recycling und Entsorgungs GmbH	40	✓	✓	✓
53498 Bad Breisig	K.-Recycling Bruno Lettau	140	✓	·	·
53539 Kelberg	ERE Kunststoff GmbH & Co. KG	57	✓	·	·
53721 Siegburg	Polyrec GmbH & Co. KG	185	✓	✓	·
56649 Niederzissen	Akro Plastic GmbH	3	✓	·	·
57271 Hilchenbach	Bröcher Recycling	35	✓	·	✓
57539 Etzbach	Guschall GmbH	83	✓	✓	✓
58515 Lüdenscheid	S. Occhipinti GmbH	160	✓	·	·
59075 Hamm	Huchtemeier Recycling GmbH	102	✓	·	·

Polyamide (PA 6, PA 66, PA 11, PA 12)

Ort	Firma	Nr.	sortenrein	vermischt	verschmutzt
59304 Ennigerloh	Geba Kunststoffhandel-K.-Recycling GmbH	76	✓	·	·
59581 Warstein	Monika Jäger	111	✓	✓	✓
63069 Offenbach	IATT GmbH	104	✓	·	·
63165 Muehlheim	Edmund K. Sattler	213	✓	·	·
63165 Mühlheim	Pal-Plast GmbH	166	✓	·	·
63225 Langen	Multi-Produkt GmbH	157	·	✓	·
63820 Elsenfeld	Pfister Kunststoffverarb. u. Rec. GmbH	172	✓	✓	·
64347 Griesheim	Pro-Plast Kunststoff GmbH	189	✓	·	·
65779 Kelkheim	MKV Metall- u. Kunststoffverw. GmbH	150	✓	·	·
66931 Pirmasens	Rohako H.W. Ulrich KG	206	✓	·	·
66954 Pirmasens	Jakob Becker Entsorgungs-GmbH	21	✓	✓	✓
67547 Worms	Jakob Becker Entsorgungs-GmbH	24	✓	✓	✓
67547 Worms	WKR Altkunststoffprod. u. Vertr. GmbH	266	✓	✓	✓
67591 Mörstadt	KPV - GmbH	128	✓	✓	✓
67657 Kaiserslautern	CHS-Martel GmbH	39	✓	✓	✓
67678 Mehlingen	Jakob Becker Entsorgungs-GmbH	20	✓	✓	✓
67678 Mehlingen	Emrich Kanalreinigung GmbH	55	✓	✓	✓
68169 Mannheim	G.A.S. GmbH & Co. KG	75	✓	✓	✓
69245 Bammental	Regra GmbH	197	✓	·	·
70191 Stuttgart	Emil Pfleiderer GmbH & Co. KG	173	✓	✓	✓
72581 Dettingen	Jürgen Stiefel GmbH	232	✓	✓	✓
72704 Reutlingen	Estra-Kunststoff GmbH	58	✓	·	·
74360 Auenstein	IKR - Kunststoffrecycling GmbH	105	✓	✓	·
74579 Fichtenau	Theodor Rieger	203	✓	·	·

Polyamide (PA 6, PA 66, PA 11, PA 12)

Ort	Firma	Nr.	sorten-rein	ver-mischt	ver-schmutzt
74722 Buchen	Odenwälder Kunststoffwerk	161	✓	·	·
75059 Zaisenhausen	Recyco GmbH	195	✓	✓	·
76571 Gaggenau	TH. Bergmann GmbH & Co.	26	✓	·	·
76661 Phillipsburg	F&E GmbH	60	✓	✓	✓
77790 Steinach	KGM	119	✓	✓	✓
85053 Ingolstadt	Walter Fechner	61	✓	·	·
85221 Dachau	popper + schmidt plastics	186	✓	·	·
8649 Wallenfels	Peter Scherner	216	✓	·	·
86633 Neuburg/Donau	Wipag Polymertechnik	265	✓	·	✓
87437 Kempten	EBS-Recycling GmbH	52	✓	·	✓
88239 Wangen	Tetzlaff & Leib	241	✓	·	·
91593 Burgbernheim	Bratke Kunststofftechnik	33	✓	·	·
91792 Ellingen	HOH Recycling Handels GmbH	99	✓	·	·
92342 Freystadt-Forchheim	Manfred Leibold	138	✓	·	·
92542 Dieterskirchen	Diku-Kunststoff GmbH	49	✓	·	·
94315 Straubing	Michael Wolf	268	✓	✓	·
97526 Sennefeld	RPM Recyclin Plastic Materie GmbH	208	✓	·	·
98544 Zella-Mehlis	Z-M Entsorgung und Recycling GmbH	276	✓	✓	✓
99441 Magdala	S+D Kunststoffrecycling GmbH	220	✓	·	·
A 1235 Wien	Dkfm. A. Tree GmbH	247	✓	·	·
A 4222 St. Georgen/Gusen	Zentraplast GmbH	271	✓	·	✓
A 6890 Lustenau	Rupert Hofer GmbH	97	✓	·	✓
A 9100 Völkermarkt	Kruschitz Werner	133	✓	✓	✓
A 9111 Haimburg	Mekaplast Warenhandelsges. mbH	144	✓	✓	✓
CH 4537 Wiedlisbach	Wiba Kunststoff AG	264	✓	·	·

Polyamide (PA 6, PA 66, PA 11, PA 12)

Ort	Firma	Nr.	sortenrein	vermischt	verschmutzt
CH 6300 Zug	Synco Kunststoff-Logistik AG	236	✓	·	✓
CH 8222 Beringen	Urs Sigrist AG	252	✓	·	·
CH 8408 Winterthur	Alpa AG	7	✓	·	✓
CH 8706 Meilen	Albis Impex AG	6	✓	·	·
CH 9015 St. Gallen	Texta AG	243	✓	·	✓

Polyoximethylen (POM)

Ort	Firma	Nr.	sortenrein	vermischt	verschmutzt
01744 Dippoldiswalde	Becker-Entsorgung und Recycling GmbH	18	✓	✓	✓
06406 Bernburg	Multiport Recycling GmbH	158	✓	✓	✓
07778 Dorndorf-Steudnitz	HRU - Handel Recycling Umwelttech. GmbH	100	✓	✓	·
07803 Neustadt (Orla)	Müller - Rohr GmbH & Co. KG	155	✓	✓	✓
09114 Chemnitz	Becker Umweltdienste GmbH	17	✓	✓	✓
09636 Langenau	Becker Umweltdienste GmbH	19	✓	✓	✓
12347 Berlin	Beab-Cycloplast GmbH	15	✓	·	·
13591 Berlin	FAB Kunststoff-Recycling u. Folien	59	✓	·	·
15234 Frankfurt/Oder	Becker + Armbrust GmbH	16	✓	✓	✓
15345 Rehfelde	T & T Plastic GmbH	248	✓	·	·
15890 Eisenhüttenstadt	LER - Lausitzer Entsorgung u. Rec. GmbH	139	✓	✓	✓
16515 Oranienburg	Polycon Ges. f. Kunststoffverarb. mbH	181	✓	✓	✓
19322 Wittenberge	Becker Umweltdienste GmbH Perleberg	23	✓	✓	✓
19322 Wittenberge	bSR GmbH	36	✓	✓	✓
19348 Perleberg	BES GmbH	27	✓	✓	✓
20539 Hamburg	Albis Plastic GmbH	5	✓	·	·
21465 Reinbek	Tekuma Kunststoff GmbH	239	✓	·	·
22041 Hamburg	Multi Kunststoff GmbH	156	✓	·	·
22085 Hamburg	Muehlstein International GmbH	154	✓	·	·
22113 Oststeinbeck	Polyma Kunststoff GmbH & Co. KG	182	✓	·	·
23552 Lübeck	Possehl Erzkontor GmbH	187	✓	·	·
24887 Silberstedt	Gesellschaft f. Umwelttechnik mbH	78	✓	✓	✓
25563 Wrist	Hansa Kunststoff-Recycling	89	✓	·	·

Polyoximethylen (POM)

Ort	Firma	Nr.	sorten-rein	ver-mischt	ver-schmutzt
26629 Großefehn	Beeko Plast Kunststoffe GmbH	25	✓	✓	✓
28237 Bremen	Plastolen GmbH	177	✓	·	·
30982 Pattensen	Calenberg GmbH	38	✓	✓	·
32547 Bad Oeynhausen	Paletti Palettensystemtechnik GmbH	167	✓	✓	✓
32602 Vlotho	Basi Kunststoffaufbereitung GmbH	13	✓	·	·
32791 Lage	Intraplast Recycling GmbH	108	✓	·	·
37276 Meinhard-Frieda	Friedola Gebr. Holzapfel GmbH & Co. KG	72	✓	·	·
39615 Seehausen	Becker Entsorgung u. Recycling GmbH	22	✓	✓	✓
40862 Ratingen	Polymer GmbH	183	✓	·	·
41751 Viersen	Hoffmann + Voss GmbH	98	✓	·	·
42310 Wuppertal	Ernst Böhmke GmbH	30	✓	·	·
42680 Solingen	Regeno-Plast Kunststoffverarbeitung GmbH	196	✓	·	·
42697 Solingen	WMK Müller GmbH	267	✓	·	·
44319 Dortmund	E. Huchtemeier GmbH & Co.KG	101	✓	✓	✓
46047 Oberhausen	Industrie Service Lukas	107	✓	·	·
47800 Krefeld	Janßen & Angenendt GmbH	112	✓	·	·
49393 Lohne	LKR - Lohner Kunststoffrecycling GmbH	142	✓	·	·
53498 Bad Breisig	K.-Recycling Bruno Lettau	140	✓	·	·
53539 Kelberg	ERE Kunststoff GmbH & Co. KG	57	✓	·	·
53721 Siegburg	Polyrec GmbH & Co. KG	185	✓	✓	·
58515 Lüdenscheid	S. Occhipinti GmbH	160	✓	·	·
59075 Hamm	Huchtemeier Recycling GmbH	102	✓	·	·
59581 Warstein	Monika Jäger	111	✓	✓	✓
63069 Offenbach	IATT GmbH	104	✓	·	·

Polyoximethylen (POM)

Ort	Firma	Nr.	sorten-rein	ver-mischt	ver-schmutzt
63165 Muehlheim	Edmund K. Sattler	213	✓	·	·
63165 Mühlheim	Pal-Plast GmbH	166	✓	·	·
64347 Griesheim	Pro-Plast Kunststoff GmbH	189	✓	·	·
65779 Kelkheim	MKV Metall- u. Kunststoffverw. GmbH	150	✓	·	·
66931 Pirmasens	Rohako H.W. Ulrich KG	206	✓	·	·
66954 Pirmasens	Jakob Becker Entsorgungs-GmbH	21	✓	✓	✓
67547 Worms	Jakob Becker Entsorgungs-GmbH	24	✓	✓	✓
67547 Worms	WKR Altkunststoffprod. u. Vertr. GmbH	266	✓	✓	✓
67657 Kaiserslautern	CHS-Martel GmbH	39	✓	✓	✓
67678 Mehlingen	Jakob Becker Entsorgungs-GmbH	20	✓	✓	✓
67678 Mehlingen	Emrich Kanalreinigung GmbH	55	✓	✓	✓
69245 Bammental	Regra GmbH	197	✓	·	·
70191 Stuttgart	Emil Pfleiderer GmbH & Co. KG	173	✓	✓	✓
72581 Dettingen	Jürgen Stiefel GmbH	232	✓	✓	✓
72704 Reutlingen	Estra-Kunststoff GmbH	58	✓	·	·
74360 Auenstein	IKR - Kunststoffrecycling GmbH	105	✓	✓	·
74579 Fichtenau	Theodor Rieger	203	✓	·	·
74722 Buchen	Odenwälder Kunststoffwerk	161	✓	·	·
76661 Phillipsburg	F&E GmbH	60	✓	✓	✓
77790 Steinach	KGM	119	✓	✓	✓
85053 Ingolstadt	Walter Fechner	61	✓	·	·
85221 Dachau	popper + schmidt plastics	186	✓	·	·
86633 Neuburg/Donau	Wipag Polymertechnik	265	✓	·	✓
87437 Kempten	EBS-Recycling GmbH	52	✓	·	✓
91593 Burgbernheim	Bratke Kunststofftechnik	33	✓	·	·

Polyoximethylen (POM)

Ort	Firma	Nr.	sorten-rein	ver-mischt	ver-schmutzt
91792 Ellingen	HOH Recycling Handels GmbH	99	✓	·	·
92542 Dieterskirchen	Diku-Kunststoff GmbH	49	✓	·	·
94315 Straubing	Michael Wolf	268	✓	✓	·
97526 Sennefeld	RPM Recyclin Plastic Materie GmbH	208	✓	·	·
97776 Eussenheim	Sohler Plastik GMBH	223	✓	·	·
98544 Zella-Mehlis	Z-M Entsorgung und Recycling GmbH	276	✓	✓	✓
99441 Magdala	S+D Kunststoffrecycling GmbH	220	✓	·	·
A 1235 Wien	Dkfm. A. Tree GmbH	247	✓	·	·
A 4222 St. Georgen/ Gusen	Zentraplast GmbH	271	✓	·	✓
A 6890 Lustenau	Rupert Hofer GmbH	97	✓	·	✓
A 9100 Völkermarkt	Kruschitz Werner	133	✓	✓	✓
A 9111 Haimburg	Mekaplast Warenhandelsges. mbH	144	✓	✓	✓
CH 4537 Wiedlisbach	Wiba Kunststoff AG	264	✓	·	·
CH 6300 Zug	Synco Kunststoff-Logistik AG	236	✓	·	✓
CH 8222 Beringen	Urs Sigrist AG	252	✓	·	·
CH 8706 Meilen	Albis Impex AG	6	✓	·	·

Polycarbonat (PC)

Ort	Firma	Nr.	sorten- rein	ver- mischt	ver- schmutzt
01744 Dippoldiswalde	Becker-Entsorgung und Recycling GmbH	18	✓	✓	✓
06406 Bernburg	Multiport Recycling GmbH	158	✓	✓	✓
07407 Rudolstadt-Pflanzwirzbach	Plastaufbereitung Wild GmbH	175	✓	.	.
07803 Neustadt (Orla)	Müller - Rohr GmbH & Co. KG	155	✓	✓	✓
09114 Chemnitz	Becker Umweltdienste GmbH	17	✓	✓	✓
09636 Langenau	Becker Umweltdienste GmbH	19	✓	✓	✓
12347 Berlin	Beab-Cycloplast GmbH	15	✓	.	.
13591 Berlin	FAB Kunststoff-Recycling u. Folien	59	✓	.	.
15234 Frankfurt/Oder	Becker + Armbrust GmbH	16	✓	✓	✓
15345 Rehfelde	T & T Plastic GmbH	248	✓	.	.
15890 Eisenhüttenstadt	LER - Lausitzer Entsorgung u. Rec. GmbH	139	✓	✓	✓
16515 Oranienburg	Polycon Ges. f. Kunststoffverarb. mbH	181	✓	✓	✓
19322 Wittenberge	Becker Umweltdienste GmbH Perleberg	23	✓	✓	✓
19322 Wittenberge	bSR GmbH	36	✓	✓	✓
19348 Perleberg	BES GmbH	27	✓	✓	✓
19386 Kreien	RK Recycling Kreien GmbH	204	✓	✓	.
20539 Hamburg	Albis Plastic GmbH	5	✓	.	.
21465 Reinbek	Tekuma Kunststoff GmbH	239	✓	.	.
22041 Hamburg	Multi Kunststoff GmbH	156	✓	.	.
22085 Hamburg	Muehlstein International GmbH	154	✓	.	.
22113 Oststeinbeck	Polyma Kunststoff GmbH & Co. KG	182	✓	.	.
23552 Lübeck	Possehl Erzkontor GmbH	187	✓	.	.
24558 Wakendorf	Albers Kunststoffe	4	✓	.	✓

Polycarbonat (PC)

Ort	Firma	Nr.	sortenrein	vermischt	verschmutzt
24887 Silberstedt	Gesellschaft f. Umwelttechnik mbH	78	✓	✓	✓
25563 Wrist	Hansa Kunststoff-Recycling	89	✓	·	·
26629 Großefehn	Beeko Plast Kunststoffe GmbH	25	✓	✓	✓
28237 Bremen	Plastolen GmbH	177	✓	·	·
30982 Pattensen	Calenberg GmbH	38	✓	✓	·
31618 Liebenau	Contek Kunststoffrecycling GmbH	42	✓	✓	✓
32051 Herford	KRS GmbH	131	✓	·	·
32547 Bad Oeynhausen	Paletti Palettensystemtechnik GmbH	167	✓	✓	✓
32602 Vlotho	Basi Kunststoffaufbereitung GmbH	13	✓	·	·
32791 Lage	Intraplast Recycling GmbH	108	✓	·	·
37276 Meinhard-Frieda	Friedola Gebr. Holzapfel GmbH & Co. KG	72	✓	·	·
39615 Seehausen	Becker Entsorgung u. Recycling GmbH	22	✓	✓	✓
40862 Ratingen	Polymer GmbH	183	✓	·	·
41751 Viersen	Hoffmann + Voss GmbH	98	✓	·	·
42310 Wuppertal	Ernst Böhmke GmbH	30	✓	·	·
42680 Solingen	Regeno-Plast Kunststoffverarbeitung GmbH	196	✓	·	·
42697 Solingen	WMK Müller GmbH	267	✓	·	·
44319 Dortmund	E. Huchtemeier GmbH & Co.KG	101	✓	✓	✓
44625 Herne	Ter Hell Plastic GmbH	240	✓	·	·
46047 Oberhausen	Industrie Service Lukas	107	✓	·	·
47800 Krefeld	Janßen & Angenendt GmbH	112	✓	·	·
49090 Osnabrück	Grannex Recycling-Technik GmbH	81	✓	✓	✓
49393 Lohne	LKR - Lohner Kunststoffrecycling GmbH	142	✓	·	·

Polycarbonat (PC)

Ort	Firma	Nr.	sorten-rein	ver-mischt	ver-schmutzt
51491 Overath	Oerder Kunststoff u. Recycling	163	✓	·	·
52382 Niederzier	Omnifol Kraus GmbH	165	✓		
53179 Bonn	Kohli Chemie GmbH	126	·	·	·
53498 Bad Breisig	K.-Recycling Bruno Lettau	140	✓		
53539 Kelberg	ERE Kunststoff GmbH & Co. KG	57	✓	·	
53721 Siegburg	Polyrec GmbH & Co. KG	185	✓	✓	·
57539 Etzbach	Guschall GmbH	83	✓	✓	✓
58515 Lüdenscheid	S. Occhipinti GmbH	160	✓	·	
59075 Hamm	Huchtemeier Recycling GmbH	102	✓	·	·
59304 Ennigerloh	Geba Kunststoffhandel-K.-Recycling GmbH	76	✓		
59581 Warstein	Monika Jäger	111	✓	✓	✓
63069 Offenbach	IATT GmbH	104	✓	·	·
63165 Muehlheim	Edmund K. Sattler	213	✓	·	·
63165 Mühlheim	Pal-Plast GmbH	166	✓		
63820 Elsenfeld	Pfister Kunststoffverarb. u. Rec. GmbH	172	✓	✓	
64347 Griesheim	Pro-Plast Kunststoff GmbH	189	✓	·	·
65779 Kelkheim	MKV Metall- u. Kunststoffverw. GmbH	150	✓	·	·
66931 Pirmasens	Rohako H.W. Ulrich KG	206	✓		·
66954 Pirmasens	Jakob Becker Entsorgungs-GmbH	21	✓	✓	✓
67547 Worms	Jakob Becker Entsorgungs-GmbH	24	✓	✓	✓
67547 Worms	WKR Altkunststoffprod. u. Vertr. GmbH	266	✓	✓	✓
67591 Mörstadt	KPV - GmbH	128	✓	✓	✓
67657 Kaiserslautern	CHS-Martel GmbH	39	✓	✓	✓
67678 Mehlingen	Jakob Becker Entsorgungs-GmbH	20	✓	✓	✓

Polycarbonat (PC)

Ort	Firma	Nr.	sortenrein	vermischt	verschmutzt
67678 Mehlingen	Emrich Kanalreinigung GmbH	55	✓	✓	✓
70191 Stuttgart	Emil Pfleiderer GmbH & Co. KG	173	✓	✓	✓
72581 Dettingen	Jürgen Stiefel GmbH	232	✓	✓	✓
72704 Reutlingen	Estra-Kunststoff GmbH	58	✓	·	·
74360 Auenstein	IKR - Kunststoffrecycling GmbH	105	✓	✓	·
74579 Fichtenau	Theodor Rieger	203	✓	·	·
74722 Buchen	Odenwälder Kunststoffwerk	161	✓	·	·
76661 Phillipsburg	F&E GmbH	60	✓	✓	✓
77790 Steinach	KGM	119	✓	✓	✓
85053 Ingolstadt	Walter Fechner	61	✓	·	·
85221 Dachau	popper + schmidt plastics	186	✓	·	·
86633 Neuburg/Donau	Wipag Polymertechnik	265	✓	·	✓
87437 Kempten	EBS-Recycling GmbH	52	✓	·	✓
91593 Burgbernheim	Bratke Kunststofftechnik	33	✓	·	·
91792 Ellingen	HOH Recycling Handels GmbH	99	✓	·	·
92342 Freystadt-Forchheim	Manfred Leibold	138	✓	·	·
92542 Dieterskirchen	Diku-Kunststoff GmbH	49	✓	·	·
92637 Weiden	Mitras Kunststoffe GmbH	149	✓	·	·
94315 Straubing	Michael Wolf	268	✓	✓	·
97776 Eussenheim	Sohler Plastik GMBH	223	✓	·	·
98544 Zella-Mehlis	Z-M Entsorgung und Recycling GmbH	276	✓	✓	✓
99441 Magdala	S+D Kunststoffrecycling GmbH	220	✓	·	·
A 1235 Wien	Dkfm. A. Tree GmbH	247	✓	·	·
A 4222 St. Georgen/Gusen	Zentraplast GmbH	271	✓	·	✓
A 4502 St. Marien	OKUV Blaimschein KG	164	✓	·	·

Polycarbonat (PC)

Ort	Firma	Nr.	sorten-rein	ver-mischt	ver-schmutzt
A 5261 Uttendorf	Aisaplast Eva-Regina Santner	2	✓	·	·
A 6890 Lustenau	Rupert Hofer GmbH	97	✓	·	✓
A 9100 Völkermarkt	Kruschitz Werner	133	✓	✓	✓
A 9111 Haimburg	Mekaplast Warenhandelsges. mbH	144	✓	✓	✓
CH 4537 Wiedlisbach	Wiba Kunststoff AG	264	✓	·	·
CH 8222 Beringen	Urs Sigrist AG	252	✓	·	·
CH 8408 Winterthur	Alpa AG	7	✓	·	✓
CH 8706 Meilen	Albis Impex AG	6	✓	·	·
CH 9015 St. Gallen	Texta AG	243	✓	·	✓

Polyphenylenoxid (PPO-Blends)

Ort	Firma	Nr.	sorten-rein	ver-mischt	ver-schmutzt
01744 Dippoldiswalde	Becker-Entsorgung und Recycling GmbH	18	✓	✓	✓
09114 Chemnitz	Becker Umweltdienste GmbH	17	✓	✓	✓
09636 Langenau	Becker Umweltdienste GmbH	19	✓	✓	✓
12347 Berlin	Beab-Cycloplast GmbH	15	✓	.	.
13591 Berlin	FAB Kunststoff-Recycling u. Folien	59	✓	.	.
15234 Frankfurt/Oder	Becker + Armbrust GmbH	16	✓	✓	✓
15890 Eisenhüttenstadt	LER - Lausitzer Entsorgung u. Rec. GmbH	139	✓	✓	✓
16515 Oranienburg	Polycon Ges. f. Kunststoffverarb. mbH	181	✓	✓	✓
19322 Wittenberge	Becker Umweltdienste GmbH Perleberg	23	✓	✓	✓
19322 Wittenberge	bSR GmbH	36	✓	✓	✓
19348 Perleberg	BES GmbH	27	✓	✓	✓
21465 Reinbek	Tekuma Kunststoff GmbH	239	✓	.	.
22041 Hamburg	Multi Kunststoff GmbH	156	✓	.	.
22113 Oststeinbeck	Polyma Kunststoff GmbH & Co. KG	182	✓	.	.
22359 Hamburg	Unifolie Handels GmbH	250	✓	✓	✓
24887 Silberstedt	Gesellschaft f. Umwelttechnik mbH	78	✓	✓	✓
25563 Wrist	Hansa Kunststoff-Recycling	89	✓	.	.
26629 Großefehn	Beeko Plast Kunststoffe GmbH	25	✓	✓	✓
28237 Bremen	Plastolen GmbH	177	✓	.	.
30982 Pattensen	Calenberg GmbH	38	✓	✓	✓
32547 Bad Oeynhausen	Paletti Palettensystemtechnik GmbH	167	✓	✓	✓
32791 Lage	Intraplast Recycling GmbH	108	✓	.	.
37276 Meinhard-Frieda	Friedola Gebr. Holzapfel GmbH & Co. KG	72	✓		

Polyphenylenoxid (PPO-Blends)

Ort	Firma	Nr.	sorten-rein	ver-mischt	ver-schmutzt
39615 Seehausen	Becker Entsorgung u. Recycling GmbH	22	✓	✓	✓
41751 Viersen	Hoffmann + Voss GmbH	98	✓	·	·
42310 Wuppertal	Ernst Böhmke GmbH	30	✓	·	·
42680 Solingen	Regeno-Plast Kunststoffverarbeitung GmbH	196	✓	·	·
42697 Solingen	WMK Müller GmbH	267	✓	·	·
44319 Dortmund	E. Huchtemeier GmbH & Co.KG	101	✓	✓	✓
46047 Oberhausen	Industrie Service Lukas	107	✓	·	·
47800 Krefeld	Janßen & Angenendt GmbH	112	✓	·	·
48527 Nordhorn	Polyprop Kunststoffproduktions GmbH	184	✓	✓	✓
52372 Kreuzau	Beyer Industrieprodukte GmbH & Co. KG	28	·	✓	✓
53539 Kelberg	ERE Kunststoff GmbH & Co. KG	57	✓	·	·
53721 Siegburg	Polyrec GmbH & Co. KG	185	✓	✓	·
58515 Lüdenscheid	S. Occhipinti GmbH	160	✓	·	·
59304 Ennigerloh	Geba Kunststoffhandel-K.-Recycling GmbH	76	✓	·	·
59581 Warstein	Monika Jäger	111	✓	✓	✓
63069 Offenbach	IATT GmbH	104	✓	·	·
63165 Mühlheim	Pal-Plast GmbH	166	✓	·	·
64347 Griesheim	Pro-Plast Kunststoff GmbH	189	✓	·	·
65779 Kelkheim	MKV Metall- u. Kunststoffverw. GmbH	150	✓	·	·
66931 Pirmasens	Rohako H.W. Ulrich KG	206	✓	·	·
66954 Pirmasens	Jakob Becker Entsorgungs-GmbH	21	✓	✓	✓
67547 Worms	Jakob Becker Entsorgungs-GmbH	24	✓	✓	✓

Polyphenylenoxid (PPO-Blends)

Ort	Firma	Nr.	sorten-rein	ver-mischt	ver-schmutzt
67547 Worms	WKR Altkunststoffprod. u. Vertr. GmbH	266	✓	✓	✓
67591 Mörstadt	KPV - GmbH	128	✓	✓	✓
67657 Kaiserslautern	CHS-Martel GmbH	39	✓	✓	✓
67678 Mehlingen	Jakob Becker Entsorgungs-GmbH	20	✓	✓	✓
67678 Mehlingen	Emrich Kanalreinigung GmbH	55	✓	✓	✓
72581 Dettingen	Jürgen Stiefel GmbH	232	✓	✓	✓
72704 Reutlingen	Estra-Kunststoff GmbH	58	✓	·	·
74360 Auenstein	IKR - Kunststoffrecycling GmbH	105	✓	✓	·
74579 Fichtenau	Theodor Rieger	203	✓	·	·
74722 Buchen	Odenwälder Kunststoffwerk	161	✓	·	·
76661 Phillipsburg	F&E GmbH	60	✓	✓	✓
77790 Steinach	KGM	119	✓	✓	✓
85053 Ingolstadt	Walter Fechner	61	✓	·	·
85221 Dachau	popper + schmidt plastics	186	✓	·	·
86633 Neuburg/Donau	Wipag Polymertechnik	265	✓	·	✓
91593 Burgbernheim	Bratke Kunststofftechnik	33	✓	·	·
91792 Ellingen	HOH Recycling Handels GmbH	99	✓	·	·
92542 Dieterskirchen	Diku-Kunststoff GmbH	49	✓	·	·
98544 Zella-Mehlis	Z-M Entsorgung und Recycling GmbH	276	✓	✓	✓
99441 Magdala	S+D Kunststoffrecycling GmbH	220	✓	·	·
A 4222 St. Georgen/Gusen	Zentraplast GmbH	271	✓	·	✓
A 9100 Völkermarkt	Kruschitz Werner	133	✓	✓	✓
A 9111 Haimburg	Mekaplast Warenhandelsges. mbH	144	✓	✓	✓
CH 4537 Wiedlisbach	Wiba Kunststoff AG	264	✓	·	·

Polyphenylenoxid (PPO-Blends)

Ort	Firma	Nr.	sortenrein	vermischt	verschmutzt
CH 6300 Zug	Synco Kunststoff-Logistik AG	236	✓	·	✓
CH 8222 Beringen	Urs Sigrist AG	252	✓	·	·
CH 8408 Winterthur	Alpa AG	7	✓	·	✓
CH 8572 Berg	Minger Kunststofftechnik AG	148	✓	·	·
CH 8706 Meilen	Albis Impex AG	6	✓	·	·
CH 9015 St. Gallen	Texta AG	243	✓	·	✓

Polymethylmethacrylat (PMMA)

Ort	Firma	Nr.	sorten-rein	ver-mischt	ver-schmutzt
01744 Dippoldiswalde	Becker-Entsorgung und Recycling GmbH	18	✓	✓	✓
07803 Neustadt (Orla)	Müller - Rohr GmbH & Co. KG	155	✓	✓	✓
09114 Chemnitz	Becker Umweltdienste GmbH	17	✓	✓	✓
09636 Langenau	Becker Umweltdienste GmbH	19	✓	✓	✓
12347 Berlin	Beab-Cycloplast GmbH	15	✓	.	.
13591 Berlin	FAB Kunststoff-Recycling u. Folien	59	✓	.	.
15234 Frankfurt/Oder	Becker + Armbrust GmbH	16	✓	✓	✓
15890 Eisenhüttenstadt	LER - Lausitzer Entsorgung u. Rec. GmbH	139	✓	✓	✓
16515 Oranienburg	Polycon Ges. f. Kunststoffverarb. mbH	181	✓	✓	✓
19322 Wittenberge	Becker Umweltdienste GmbH Perleberg	23	✓	✓	✓
19322 Wittenberge	bSR GmbH	36	✓	✓	✓
19348 Perleberg	BES GmbH	27	✓	✓	✓
20539 Hamburg	Albis Plastic GmbH	5	✓	.	.
21465 Reinbek	Tekuma Kunststoff GmbH	239	✓	.	.
22041 Hamburg	Multi Kunststoff GmbH	156	✓	.	.
22085 Hamburg	Muehlstein International GmbH	154	✓	.	.
23552 Lübeck	Possehl Erzkontor GmbH	187	✓	.	.
24558 Wakendorf	Albers Kunststoffe	4	✓	.	✓
24887 Silberstedt	Gesellschaft f. Umwelttechnik mbH	78	✓	✓	✓
25563 Wrist	Hansa Kunststoff-Recycling	89	✓	.	.
26629 Großefehn	Beeko Plast Kunststoffe GmbH	25	✓	✓	✓
27749 Delmenhorst	E.L. Antonini Außenhandels GmbH	10	✓	.	.
30982 Pattensen	Calenberg GmbH	38	✓	✓	.

Polymethylmethacrylat (PMMA)

Ort	Firma	Nr.	sorten-rein	ver-mischt	ver-schmutzt
31618 Liebenau	Contek Kunststoffrecycling GmbH	42	✓	✓	✓
32051 Herford	KRS GmbH	131	✓	.	.
32547 Bad Oeynhausen	Paletti Palettensystemtechnik GmbH	167	✓	✓	✓
32791 Lage	Intraplast Recycling GmbH	108	✓	.	.
39615 Seehausen	Becker Entsorgung u. Recycling GmbH	22	✓	✓	✓
41751 Viersen	Hoffmann + Voss GmbH	98	✓	.	.
42310 Wuppertal	Ernst Böhmke GmbH	30	✓	.	.
42680 Solingen	Regeno-Plast Kunststoffverarbeitung GmbH	196	✓	.	.
42697 Solingen	WMK Müller GmbH	267	✓	.	.
44625 Herne	Ter Hell Plastic GmbH	240	✓	.	.
46047 Oberhausen	Industrie Service Lukas	107	✓	.	.
47800 Krefeld	Janßen & Angenendt GmbH	112	✓	.	.
53179 Bonn	Kohli Chemie GmbH	126	.	.	.
53539 Kelberg	ERE Kunststoff GmbH & Co. KG	57	✓	.	.
53721 Siegburg	Polyrec GmbH & Co. KG	185	✓	✓	.
56727 Mayen	Hans Hennerici oHG	92	✓	.	✓
58515 Lüdenscheid	S. Occhipinti GmbH	160	✓	.	.
59075 Hamm	Huchtemeier Recycling GmbH	102	✓	.	.
59304 Ennigerloh	Geba Kunststoffhandel-K.-Recycling GmbH	76	✓	.	.
59581 Warstein	Monika Jäger	111	✓	✓	✓
63069 Offenbach	IATT GmbH	104	✓	.	.
63165 Mühlheim	Pal-Plast GmbH	166	✓	.	.
63820 Elsenfeld	Pfister Kunststoffverarb. u. Rec. GmbH	172	✓	✓	.
64347 Griesheim	Pro-Plast Kunststoff GmbH	189	✓	.	.

Polymethylmethacrylat (PMMA)

Ort	Firma	Nr.	sorten-rein	ver-mischt	ver-schmutzt
65779 Kelkheim	MKV Metall- u. Kunststoffverw. GmbH	150	✓	·	·
66931 Pirmasens	Rohako H.W. Ulrich KG	206	✓	·	·
66954 Pirmasens	Jakob Becker Entsorgungs-GmbH	21	✓	✓	✓
67547 Worms	Jakob Becker Entsorgungs-GmbH	24	✓	✓	✓
67547 Worms	WKR Altkunststoffprod. u. Vertr. GmbH	266	✓	✓	✓
67591 Mörstadt	KPV - GmbH	128	✓	✓	✓
67657 Kaiserslautern	CHS-Martel GmbH	39	✓	✓	✓
67678 Mehlingen	Jakob Becker Entsorgungs-GmbH	20	✓	✓	✓
67678 Mehlingen	Emrich Kanalreinigung GmbH	55	✓	✓	✓
69245 Bammental	Regra GmbH	197	✓	·	·
70191 Stuttgart	Emil Pfleiderer GmbH & Co. KG	173	✓	✓	✓
72581 Dettingen	Jürgen Stiefel GmbH	232	✓	✓	✓
72704 Reutlingen	Estra-Kunststoff GmbH	58	✓	·	·
74360 Auenstein	IKR - Kunststoffrecycling GmbH	105	✓	✓	·
74579 Fichtenau	Theodor Rieger	203	✓	·	·
76661 Phillipsburg	F&E GmbH	60	✓	✓	✓
77790 Steinach	KGM	119	✓	✓	✓
84061 Ergoldsbach	Delta Plast Technology GmbH	47	✓	✓	✓
85053 Ingolstadt	Walter Fechner	61	✓	·	·
85221 Dachau	popper + schmidt plastics	186	✓	·	·
86633 Neuburg/Donau	Wipag Polymertechnik	265	✓	·	✓
87437 Kempten	EBS-Recycling GmbH	52	✓	·	✓
91593 Burgbernheim	Bratke Kunststofftechnik	33	✓	·	·
91792 Ellingen	HOH Recycling Handels GmbH	99	✓	·	·

Polymethylmethacrylat (PMMA)

Ort	Firma	Nr.	sorten-rein	ver-mischt	ver-schmutzt
92542 Dieterskirchen	Diku-Kunststoff GmbH	49	✓	.	.
98544 Zella-Mehlis	Z-M Entsorgung und Recycling GmbH	276	✓	✓	✓
99441 Magdala	S+D Kunststoffrecycling GmbH	220	✓	.	.
A 1235 Wien	Dkfm. A. Tree GmbH	247	✓	.	.
A 2440 Gramatneusiedl	Para-Chemie GmbH	168	✓	.	.
A 4222 St. Georgen/Gusen	Zentraplast GmbH	271	✓	.	✓
A 5261 Uttendorf	Aisaplast Eva-Regina Santner	2	✓	.	.
A 9100 Völkermarkt	Kruschitz Werner	133	✓	✓	✓
A 9111 Haimburg	Mekaplast Warenhandelsges. mbH	144	✓	✓	✓
CH 4537 Wiedlisbach	Wiba Kunststoff AG	264	✓	.	.
CH 8222 Beringen	Urs Sigrist AG	252	✓	.	.
CH 8706 Meilen	Albis Impex AG	6	✓	.	.

Polyesther, gesättigt (PET, PBT)

Ort	Firma	Nr.	sorten-rein	ver-mischt	ver-schmutzt
01744 Dippoldiswalde	Becker-Entsorgung und Recycling GmbH	18	✓	✓	✓
06132 Halle	Ammendorfer Plastwerk GmbH	9	✓	·	·
06766 Wolfen	Texplast GmbH	242	✓	·	✓
07778 Dorndorf-Steudnitz	HRU - Handel Recycling Umwelttech. GmbH	100	✓	✓	·
07806 Weira	LPK-plarecy-Kunststoffbeton GmbH	143	·	✓	✓
09114 Chemnitz	Becker Umweltdienste GmbH	17	✓	✓	✓
09636 Langenau	Becker Umweltdienste GmbH	19	✓	✓	✓
12347 Berlin	Beab-Cycloplast GmbH	15	✓	·	·
15234 Frankfurt/Oder	Becker + Armbrust GmbH	16	✓	✓	✓
15890 Eisenhüttenstadt	LER - Lausitzer Entsorgung u. Rec. GmbH	139	✓	✓	✓
16515 Oranienburg	Polycon Ges. f. Kunststoffverarb. mbH	181	✓	✓	✓
19322 Wittenberge	Becker Umweltdienste GmbH Perleberg	23	✓	✓	✓
19322 Wittenberge	bSR GmbH	36	✓	✓	✓
19348 Perleberg	BES GmbH	27	✓	✓	✓
19386 Kreien	RK Recycling Kreien GmbH	204	✓	✓	·
20539 Hamburg	Albis Plastic GmbH	5	✓	·	·
21220 Seevetal	Weska GmbH	263	✓	✓	✓
21465 Reinbek	Tekuma Kunststoff GmbH	239	✓	·	·
22041 Hamburg	Multi Kunststoff GmbH	156	✓	·	·
22926 Ahrensburg	Zipperling Kessler & Co	275	✓	·	✓
23552 Lübeck	Possehl Erzkontor GmbH	187	✓	·	·
24887 Silberstedt	Gesellschaft f. Umwelttechnik mbH	78	✓	✓	✓
26629 Großefehn	Beeko Plast Kunststoffe GmbH	25	✓	✓	✓
27749 Delmenhorst	E.L. Antonini Außenhandels GmbH	10	✓	·	·

Polyesther, gesättigt (PET, PBT)

Ort	Firma	Nr.	sorten-rein	ver-mischt	ver-schmutzt
30982 Pattensen	Calenberg GmbH	38	✓	✓	·
32547 Bad Oeynhausen	Paletti Palettensystemtechnik GmbH	167	✓	✓	✓
32791 Lage	Intraplast Recycling GmbH	108	✓	·	·
37276 Meinhard-Frieda	Friedola Gebr. Holzapfel GmbH & Co. KG	72	✓	·	·
39615 Seehausen	Becker Entsorgung u. Recycling GmbH	22	✓	✓	✓
40862 Ratingen	Polymer GmbH	183	✓	·	·
41751 Viersen	Hoffmann + Voss GmbH	98	✓	·	·
42310 Wuppertal	Ernst Böhmke GmbH	30	✓	·	·
42680 Solingen	Regeno-Plast Kunststoffverarbeitung GmbH	196	✓	·	·
42697 Solingen	WMK Müller GmbH	267	✓	·	·
44319 Dortmund	E. Huchtemeier GmbH & Co.KG	101	✓	✓	✓
46047 Oberhausen	Industrie Service Lukas	107	✓	·	·
46286 Dorsten	GHP GmbH i. Gr.	79	✓	✓	✓
47800 Krefeld	Janßen & Angenendt GmbH	112	✓	·	·
48662 Ahaus	Gelaplast GmbH	77	✓	·	·
48703 Stadtlohn	Krumbeck GmbH	132	✓	·	·
50829 Köln	Rethermoplast GmbH	201	✓	·	·
50996 Köln	Cyclop GmbH	46	✓	·	·
53179 Bonn-Mehlem	Clemens Recycling und Entsorgungs GmbH	40	✓	✓	✓
53539 Kelberg	ERE Kunststoff GmbH & Co. KG	57	✓	·	·
53721 Siegburg	Polyrec GmbH & Co. KG	185	✓	✓	·
57539 Etzbach	Guschall GmbH	83	✓	✓	✓
58515 Lüdenscheid	S. Occhipinti GmbH	160	✓	·	·
59075 Hamm	Huchtemeier Recycling GmbH	102	✓	·	·

Polyesther, gesättigt (PET, PBT)

Ort	Firma	Nr.	sorten-rein	ver-mischt	ver-schmutzt
59304 Ennigerloh	Geba Kunststoffhandel-K.-Recycling GmbH	76	✓	·	·
63069 Offenbach	IATT GmbH	104	✓	·	·
63165 Mühlheim	Pal-Plast GmbH	166	✓	·	·
63225 Langen	Multi-Produkt GmbH	157	·	✓	·
64347 Griesheim	Pro-Plast Kunststoff GmbH	189	✓	·	·
65779 Kelkheim	MKV Metall- u. Kunststoffverw. GmbH	150	✓	·	·
66931 Pirmasens	Rohako H.W. Ulrich KG	206	✓	·	·
66954 Pirmasens	Jakob Becker Entsorgungs-GmbH	21	✓	✓	✓
67547 Worms	Jakob Becker Entsorgungs-GmbH	24	✓	✓	✓
67547 Worms	WKR Altkunststoffprod. u. Vertr. GmbH	266	✓	✓	✓
67591 Mörstadt	KPV - GmbH	128	✓	✓	✓
67657 Kaiserslautern	CHS-Martel GmbH	39	✓	✓	✓
67678 Mehlingen	Jakob Becker Entsorgungs-GmbH	20	✓	✓	✓
67678 Mehlingen	Emrich Kanalreinigung GmbH	55	✓	✓	✓
68169 Mannheim	G.A.S. GmbH & Co. KG	75	✓	✓	✓
70191 Stuttgart	Emil Pfleiderer GmbH & Co. KG	173	✓	✓	✓
72581 Dettingen	Jürgen Stiefel GmbH	232	✓	✓	✓
72704 Reutlingen	Estra-Kunststoff GmbH	58	✓	·	·
74360 Auenstein	IKR - Kunststoffrecycling GmbH	105	✓	✓	·
74579 Fichtenau	Theodor Rieger	203	✓	·	·
75059 Zaisenhausen	Recyco GmbH	195	✓	✓	·
76189 Karlsruhe	Recyclinganlage Karlsruhe GmbH	193	✓	✓	✓
76661 Phillipsburg	F&E GmbH	60	✓	✓	✓
77790 Steinach	KGM	119	✓	✓	✓

Polyesther, gesättigt (PET, PBT)

Ort	Firma	Nr.	sorten-rein	ver-mischt	ver-schmutzt
84061 Ergoldsbach	Delta Plast Technology GmbH	47	✓	✓	✓
85053 Ingolstadt	Walter Fechner	61	✓	.	.
85221 Dachau	popper + schmidt plastics	186	✓	.	.
86633 Neuburg/Donau	Wipag Polymertechnik	265	✓	.	✓
87437 Kempten	EBS-Recycling GmbH	52	✓	.	✓
88214 Ravensburg	Moosmann GmbH & Co.	152	✓	.	.
91593 Burgbernheim	Bratke Kunststofftechnik	33	✓	.	.
91792 Ellingen	HOH Recycling Handels GmbH	99	✓	.	.
92542 Dieterskirchen	Diku-Kunststoff GmbH	49	✓	.	.
94315 Straubing	Michael Wolf	268	✓	✓	.
98544 Zella-Mehlis	Z-M Entsorgung und Recycling GmbH	276	✓	✓	✓
99441 Magdala	S+D Kunststoffrecycling GmbH	220	✓	.	.
A 1235 Wien	Dkfm. A. Tree GmbH	247	✓	.	.
A 2700 Wr. Neustadt	ÖKR-Österr. K.-Recyclingges. mbH	162	✓	✓	✓
A 4222 St. Georgen/Gusen	Zentraplast GmbH	271	✓	.	✓
A 6890 Lustenau	Rupert Hofer GmbH	97	✓	.	✓
A 9100 Völkermarkt	Kruschitz Werner	133	✓	✓	✓
A 9111 Haimburg	Mekaplast Warenhandelsges. mbH	144	✓	✓	✓
CH 4537 Wiedlisbach	Wiba Kunststoff AG	264	✓	.	.
CH 6300 Zug	Synco Kunststoff-Logistik AG	236	✓	.	✓
CH 8222 Beringen	Urs Sigrist AG	252	✓	.	.
CH 8408 Winterthur	Alpa AG	7	✓	.	✓
CH 8706 Meilen	Albis Impex AG	6	✓	.	.
CH 9015 St. Gallen	Texta AG	243	✓	.	✓

Polyethersulfon (PES)

Ort	Firma	Nr.	sortenrein	vermischt	verschmutzt
01744 Dippoldiswalde	Becker-Entsorgung und Recycling GmbH	18	✓	✓	✓
07806 Weira	LPK-plarecy-Kunststoffbeton GmbH	143	·	✓	✓
09114 Chemnitz	Becker Umweltdienste GmbH	17	✓	✓	✓
09636 Langenau	Becker Umweltdienste GmbH	19	✓	✓	✓
12347 Berlin	Beab-Cycloplast GmbH	15	✓	·	·
15234 Frankfurt/Oder	Becker + Armbrust GmbH	16	✓	✓	✓
15890 Eisenhüttenstadt	LER - Lausitzer Entsorgung u. Rec. GmbH	139	✓	✓	✓
16515 Oranienburg	Polycon Ges. f. Kunststoffverarb. mbH	181	✓	✓	✓
19322 Wittenberge	Becker Umweltdienste GmbH Perleberg	23	✓	✓	✓
19322 Wittenberge	bSR GmbH	36	✓	✓	✓
19348 Perleberg	BES GmbH	27	✓	✓	✓
27749 Delmenhorst	E.L. Antonini Außenhandels GmbH	10	✓	·	·
30982 Pattensen	Calenberg GmbH	38	✓	✓	·
32547 Bad Oeynhausen	Paletti Palettensystemtechnik GmbH	167	✓	✓	✓
32791 Lage	Intraplast Recycling GmbH	108	✓	·	·
39615 Seehausen	Becker Entsorgung u. Recycling GmbH	22	✓	✓	✓
41751 Viersen	Hoffmann + Voss GmbH	98	✓	·	·
42310 Wuppertal	Ernst Böhmke GmbH	30	✓	·	·
42680 Solingen	Regeno-Plast Kunststoffverarbeitung GmbH	196	✓	·	·
44319 Dortmund	E. Huchtemeier GmbH & Co.KG	101	✓	✓	✓
48599 Gronau-Epe	Altex Textil Recycling GmbH & Co. KG	8	✓	·	·
53179 Bonn-Mehlem	Clemens Recycling und Entsorgungs GmbH	40	✓	✓	✓

Polyethersulfon (PES)

Ort	Firma	Nr.	sorten-rein	ver-mischt	ver-schmutzt
57539 Etzbach	Guschall GmbH	83	✓	✓	✓
58515 Lüdenscheid	S. Occhipinti GmbH	160	✓	.	.
63069 Offenbach	IATT GmbH	104	✓	.	.
63165 Mühlheim	Pal-Plast GmbH	166	✓	.	.
64347 Griesheim	Pro-Plast Kunststoff GmbH	189	✓	.	.
65779 Kelkheim	MKV Metall- u. Kunststoffverw. GmbH	150	✓	.	.
66954 Pirmasens	Jakob Becker Entsorgungs-GmbH	21	✓	✓	✓
67547 Worms	Jakob Becker Entsorgungs-GmbH	24	✓	✓	✓
67547 Worms	WKR Altkunststoffprod. u. Vertr. GmbH	266	✓	✓	✓
67591 Mörstadt	KPV - GmbH	128	✓	✓	✓
67678 Mehlingen	Jakob Becker Entsorgungs-GmbH	20	✓	✓	✓
67678 Mehlingen	Emrich Kanalreinigung GmbH	55	✓	✓	✓
72581 Dettingen	Jürgen Stiefel GmbH	232	✓	✓	✓
72704 Reutlingen	Estra-Kunststoff GmbH	58	✓	.	.
74360 Auenstein	IKR - Kunststoffrecycling GmbH	105	✓	✓	.
76661 Phillipsburg	F&E GmbH	60	✓	✓	✓
77790 Steinach	KGM	119	✓	✓	✓
85221 Dachau	popper + schmidt plastics	186	✓	.	.
86633 Neuburg/Donau	Wipag Polymertechnik	265	✓	.	✓
91593 Burgbernheim	Bratke Kunststofftechnik	33	✓	.	.
98544 Zella-Mehlis	Z-M Entsorgung und Recycling GmbH	276	✓	✓	✓
A 6890 Lustenau	Rupert Hofer GmbH	97	✓	.	✓
A 9111 Haimburg	Mekaplast Warenhandelsges. mbH	144	✓	✓	✓
CH 4537 Wiedlisbach	Wiba Kunststoff AG	264	✓	.	.

Polyethersulfon (PES)

Ort	Firma	Nr.	sorten-rein	ver-mischt	ver-schmutzt
CH 6300 Zug	Synco Kunststoff-Logistik AG	236	✓	·	✓
CH 8222 Beringen	Urs Sigrist AG	252	✓	·	·
CH 8408 Winterthur	Alpa AG	7	✓	·	✓
CH 8572 Berg	Minger Kunststofftechnik AG	148	✓	·	·
CH 8706 Meilen	Albis Impex AG	6	✓	·	·
CH 9015 St. Gallen	Texta AG	243	✓	·	✓

Polyphenylensulfit (PPS)

Ort	Firma	Nr.	sorten-rein	ver-mischt	ver-schmutzt
01744 Dippoldiswalde	Becker-Entsorgung und Recycling GmbH	18	✓	✓	✓
07803 Neustadt (Orla)	Müller - Rohr GmbH & Co. KG	155	✓	✓	✓
09114 Chemnitz	Becker Umweltdienste GmbH	17	✓	✓	✓
09636 Langenau	Becker Umweltdienste GmbH	19	✓	✓	✓
15234 Frankfurt/Oder	Becker + Armbrust GmbH	16	✓	✓	✓
15890 Eisenhüttenstadt	LER - Lausitzer Entsorgung u. Rec. GmbH	139	✓	✓	✓
16515 Oranienburg	Polycon Ges. f. Kunststoffverarb. mbH	181	✓	✓	✓
19322 Wittenberge	Becker Umweltdienste GmbH Perleberg	23	✓	✓	✓
19322 Wittenberge	bSR GmbH	36	✓	✓	✓
19348 Perleberg	BES GmbH	27	✓	✓	✓
30982 Pattensen	Calenberg GmbH	38	✓	✓	.
32547 Bad Oeynhausen	Paletti Palettensystemtechnik GmbH	167	✓	✓	✓
32791 Lage	Intraplast Recycling GmbH	108	✓	.	.
39615 Seehausen	Becker Entsorgung u. Recycling GmbH	22	✓	✓	✓
41751 Viersen	Hoffmann + Voss GmbH	98	✓	.	.
42310 Wuppertal	Ernst Böhmke GmbH	30	✓		
42680 Solingen	Regeno-Plast Kunststoffverarbeitung GmbH	196	✓	.	.
44319 Dortmund	E. Huchtemeier GmbH & Co.KG	101	✓	✓	✓
48527 Nordhorn	Polyprop Kunststoffproduktions GmbH	184	✓	✓	✓
49393 Lohne	LKR - Lohner Kunststoffrecycling GmbH	142	✓	.	.
52372 Kreuzau	Beyer Industrieprodukte GmbH & Co. KG	28	.	✓	✓

Polyphenylensulfit (PPS)

Ort	Firma	Nr.	sorten-rein	ver-mischt	ver-schmutzt
53179 Bonn-Mehlem	Clemens Recycling und Entsorgungs GmbH	40	✓	✓	✓
53539 Kelberg	ERE Kunststoff GmbH & Co. KG	57	✓	.	.
58515 Lüdenscheid	S. Occhipinti GmbH	160	✓	.	.
63069 Offenbach	IATT GmbH	104	✓	.	.
63165 Mühlheim	Pal-Plast GmbH	166	✓	.	.
64347 Griesheim	Pro-Plast Kunststoff GmbH	189	✓	.	.
66954 Pirmasens	Jakob Becker Entsorgungs-GmbH	21	✓	✓	✓
67547 Worms	Jakob Becker Entsorgungs-GmbH	24	✓	✓	✓
67547 Worms	WKR Altkunststoffprod. u. Vertr. GmbH	266	✓	✓	✓
67591 Mörstadt	KPV - GmbH	128	✓	✓	✓
67678 Mehlingen	Jakob Becker Entsorgungs-GmbH	20	✓	✓	✓
67678 Mehlingen	Emrich Kanalreinigung GmbH	55	✓	✓	✓
68169 Mannheim	G.A.S. GmbH & Co. KG	75	✓	✓	✓
72581 Dettingen	Jürgen Stiefel GmbH	232	✓	✓	✓
72704 Reutlingen	Estra-Kunststoff GmbH	58	✓	.	.
74360 Auenstein	IKR - Kunststoffrecycling GmbH	105	✓	✓	.
76661 Phillipsburg	F&E GmbH	60	✓	✓	✓
77790 Steinach	KGM	119	✓	✓	✓
85053 Ingolstadt	Walter Fechner	61	✓	.	.
85221 Dachau	popper + schmidt plastics	186	✓	.	.
86633 Neuburg/Donau	Wipag Polymertechnik	265	✓	.	✓
91593 Burgbernheim	Bratke Kunststofftechnik	33	✓	.	.
94315 Straubing	Michael Wolf	268	✓	✓	.
98544 Zella-Mehlis	Z-M Entsorgung und Recycling GmbH	276	✓	✓	✓

Polyphenylensulfit (PPS)

Ort	Firma	Nr.	sorten-rein	ver-mischt	ver-schmutzt
A 9100 Völkermarkt	Kruschitz Werner	133	✓	✓	✓
A 9111 Haimburg	Mekaplast Warenhandelsges. mbH	144	✓	✓	✓
CH 4537 Wiedlisbach	Wiba Kunststoff AG	264	✓	.	.
CH 6300 Zug	Synco Kunststoff-Logistik AG	236	✓	.	✓
CH 8222 Beringen	Urs Sigrist AG	252	✓	.	.
CH 8572 Berg	Minger Kunststofftechnik AG	148	✓	.	.
CH 8706 Meilen	Albis Impex AG	6	✓	.	.

Polysulfon (PSU)

Ort	Firma	Nr.	sorten-rein	ver-mischt	ver-schmutzt
01744 Dippoldiswalde	Becker-Entsorgung und Recycling GmbH	18	✓	✓	✓
09114 Chemnitz	Becker Umweltdienste GmbH	17	✓	✓	✓
09636 Langenau	Becker Umweltdienste GmbH	19	✓	✓	✓
15234 Frankfurt/Oder	Becker + Armbrust GmbH	16	✓	✓	✓
15890 Eisenhüttenstadt	LER - Lausitzer Entsorgung u. Rec. GmbH	139	✓	✓	✓
19322 Wittenberge	Becker Umweltdienste GmbH Perleberg	23	✓	✓	✓
19322 Wittenberge	bSR GmbH	36	✓	✓	✓
19348 Perleberg	BES GmbH	27	✓	✓	✓
30982 Pattensen	Calenberg GmbH	38	✓	✓	.
32547 Bad Oeynhausen	Paletti Palettensystemtechnik GmbH	167	✓	✓	✓
32791 Lage	Intraplast Recycling GmbH	108	✓	.	.
39615 Seehausen	Becker Entsorgung u. Recycling GmbH	22	✓	✓	✓
41751 Viersen	Hoffmann + Voss GmbH	98	✓	.	.
42680 Solingen	Regeno-Plast Kunststoffverarbeitung GmbH	196	✓	.	.
64347 Griesheim	Pro-Plast Kunststoff GmbH	189	✓	.	.
65779 Kelkheim	MKV Metall- u. Kunststoffverw. GmbH	150	✓	.	.
66954 Pirmasens	Jakob Becker Entsorgungs-GmbH	21	✓	✓	✓
67547 Worms	Jakob Becker Entsorgungs-GmbH	24	✓	✓	✓
67547 Worms	WKR Altkunststoffprod. u. Vertr. GmbH	266	✓	✓	✓
67591 Mörstadt	KPV - GmbH	128	✓	✓	✓
67678 Mehlingen	Jakob Becker Entsorgungs-GmbH	20	✓	✓	✓
67678 Mehlingen	Emrich Kanalreinigung GmbH	55	✓	✓	✓

Polysulfon (PSU)

Ort	Firma	Nr.	sorten-rein	ver-mischt	ver-schmutzt
72704 Reutlingen	Estra-Kunststoff GmbH	58	✓	·	·
74360 Auenstein	IKR - Kunststoffrecycling GmbH	105	✓	✓	·
76661 Phillipsburg	F&E GmbH	60	✓	✓	✓
85053 Ingolstadt	Walter Fechner	61	✓	·	·
85221 Dachau	popper + schmidt plastics	186	✓	·	·
86633 Neuburg/Donau	Wipag Polymertechnik	265	✓	·	✓
91593 Burgbernheim	Bratke Kunststofftechnik	33	✓	·	·
98544 Zella-Mehlis	Z-M Entsorgung und Recycling GmbH	276	✓	✓	✓
CH 4537 Wiedlisbach	Wiba Kunststoff AG	264	✓	·	·
CH 8222 Beringen	Urs Sigrist AG	252	✓	·	·
CH 8572 Berg	Minger Kunststofftechnik AG	148	✓	·	·
CH 8706 Meilen	Albis Impex AG	6	✓	·	·

Polyimid (PI)

Ort	Firma	Nr.	sorten-rein	ver-mischt	ver-schmutzt
01744 Dippoldiswalde	Becker-Entsorgung und Recycling GmbH	18	✓	✓	✓
09114 Chemnitz	Becker Umweltdienste GmbH	17	✓	✓	✓
09636 Langenau	Becker Umweltdienste GmbH	19	✓	✓	✓
15234 Frankfurt/Oder	Becker + Armbrust GmbH	16	✓	✓	✓
15890 Eisenhüttenstadt	LER - Lausitzer Entsorgung u. Rec. GmbH	139	✓	✓	✓
19322 Wittenberge	Becker Umweltdienste GmbH Perleberg	23	✓	✓	✓
19322 Wittenberge	bSR GmbH	36	✓	✓	✓
19348 Perleberg	BES GmbH	27	✓	✓	✓
30982 Pattensen	Calenberg GmbH	38	✓	✓	.
32791 Lage	Intraplast Recycling GmbH	108	✓	.	.
39615 Seehausen	Becker Entsorgung u. Recycling GmbH	22	✓	✓	✓
42680 Solingen	Regeno-Plast Kunststoffverarbeitung GmbH	196	✓	.	.
44319 Dortmund	E. Huchtemeier GmbH & Co.KG	101	✓	✓	✓
64347 Griesheim	Pro-Plast Kunststoff GmbH	189	✓	.	.
66954 Pirmasens	Jakob Becker Entsorgungs-GmbH	21	✓	✓	✓
67547 Worms	Jakob Becker Entsorgungs-GmbH	24	✓	✓	✓
67547 Worms	WKR Altkunststoffprod. u. Vertr. GmbH	266	✓	✓	✓
67591 Mörstadt	KPV - GmbH	128	✓	✓	✓
67678 Mehlingen	Jakob Becker Entsorgungs-GmbH	20	✓	✓	✓
67678 Mehlingen	Emrich Kanalreinigung GmbH	55	✓	✓	✓
72704 Reutlingen	Estra-Kunststoff GmbH	58	✓	.	.
74360 Auenstein	IKR - Kunststoffrecycling GmbH	105	✓	✓	.

Polyimid (PI)

Ort	Firma	Nr.	sorten-rein	ver-mischt	ver-schmutzt
76661 Phillipsburg	F&E GmbH	60	✓	✓	✓
92542 Dieterskirchen	Diku-Kunststoff GmbH	49	✓	.	.
98544 Zella-Mehlis	Z-M Entsorgung und Recycling GmbH	276	✓	✓	✓

Fluorkunststoffe (PTFE, FEP, PFA)

Ort	Firma	Nr.	sortenrein	vermischt	verschmutzt
01744 Dippoldiswalde	Becker-Entsorgung und Recycling GmbH	18	✓	✓	✓
07806 Weira	LPK-plarecy-Kunststoffbeton GmbH	143	·	✓	✓
09114 Chemnitz	Becker Umweltdienste GmbH	17	✓	✓	✓
09636 Langenau	Becker Umweltdienste GmbH	19	✓	✓	✓
12347 Berlin	Beab-Cycloplast GmbH	15	✓	·	·
15234 Frankfurt/Oder	Becker + Armbrust GmbH	16	✓	✓	✓
15890 Eisenhüttenstadt	LER - Lausitzer Entsorgung u. Rec. GmbH	139	✓	✓	✓
19322 Wittenberge	Becker Umweltdienste GmbH Perleberg	23	✓	✓	✓
19322 Wittenberge	bSR GmbH	36	✓	✓	✓
19348 Perleberg	BES GmbH	27	✓	✓	✓
25563 Wrist	Hansa Kunststoff-Recycling	89	✓	·	·
30982 Pattensen	Calenberg GmbH	38	✓	✓	·
32547 Bad Oeynhausen	Paletti Palettensystemtechnik GmbH	167	✓	✓	✓
32791 Lage	Intraplast Recycling GmbH	108	✓	·	·
39615 Seehausen	Becker Entsorgung u. Recycling GmbH	22	✓	✓	✓
41751 Viersen	Hoffmann + Voss GmbH	98	✓	·	·
42680 Solingen	Regeno-Plast Kunststoffverarbeitung GmbH	196	✓	·	·
44319 Dortmund	E. Huchtemeier GmbH & Co.KG	101	✓	✓	✓
57539 Etzbach	Guschall GmbH	83	✓	✓	✓
63886 Miltenberg-Bürgstadt	Mikro-Technik GmbH & Co. KG	147	✓	·	·
64347 Griesheim	Pro-Plast Kunststoff GmbH	189	✓	·	·
66954 Pirmasens	Jakob Becker Entsorgungs-GmbH	21	✓	✓	✓

Fluorkunststoffe (PTFE, FEP, PFA)

Ort	Firma	Nr.	sortenrein	vermischt	verschmutzt
67547 Worms	Jakob Becker Entsorgungs-GmbH	24	✓	✓	✓
67547 Worms	WKR Altkunststoffprod. u. Vertr. GmbH	266	✓	✓	✓
67657 Kaiserslautern	CHS-Martel GmbH	39	✓	✓	✓
67678 Mehlingen	Jakob Becker Entsorgungs-GmbH	20	✓	✓	✓
67678 Mehlingen	Emrich Kanalreinigung GmbH	55	✓	✓	✓
72704 Reutlingen	Estra-Kunststoff GmbH	58	✓	.	.
74360 Auenstein	IKR - Kunststoffrecycling GmbH	105	✓	✓	.
76661 Phillipsburg	F&E GmbH	60	✓	✓	✓
77790 Steinach	KGM	119	✓	✓	✓
85221 Dachau	popper + schmidt plastics	186	✓	.	.
87437 Kempten	EBS-Recycling GmbH	52	✓	.	✓
92542 Dieterskirchen	Diku-Kunststoff GmbH	49	✓	.	.
98544 Zella-Mehlis	Z-M Entsorgung und Recycling GmbH	276	✓	✓	✓
CH 6300 Zug	Synco Kunststoff-Logistik AG	236	✓	.	✓
CH 8222 Beringen	Urs Sigrist AG	252	✓	.	.
CH 8572 Berg	Minger Kunststofftechnik AG	148	✓	.	.
CH 8706 Meilen	Albis Impex AG	6	✓	.	.

Cellulosederivate (CA, CAB, CP)

Ort	Firma	Nr.	sorten-rein	ver-mischt	ver-schmutzt
01744 Dippoldiswalde	Becker-Entsorgung und Recycling GmbH	18	✓	✓	✓
09114 Chemnitz	Becker Umweltdienste GmbH	17	✓	✓	✓
09636 Langenau	Becker Umweltdienste GmbH	19	✓	✓	✓
12347 Berlin	Beab-Cycloplast GmbH	15	✓	·	·
15234 Frankfurt/Oder	Becker + Armbrust GmbH	16	✓	✓	✓
15890 Eisenhüttenstadt	LER - Lausitzer Entsorgung u. Rec. GmbH	139	✓	✓	✓
19322 Wittenberge	Becker Umweltdienste GmbH Perleberg	23	✓	✓	✓
19322 Wittenberge	bSR GmbH	36	✓	✓	✓
19348 Perleberg	BES GmbH	27	✓	✓	✓
20539 Hamburg	Albis Plastic GmbH	5	✓	·	·
25563 Wrist	Hansa Kunststoff-Recycling	89	✓	·	·
27749 Delmenhorst	E.L. Antonini Außenhandels GmbH	10	✓	·	·
32547 Bad Oeynhausen	Paletti Palettensystemtechnik GmbH	167	✓	✓	✓
32791 Lage	Intraplast Recycling GmbH	108	✓	·	·
39615 Seehausen	Becker Entsorgung u. Recycling GmbH	22	✓	✓	✓
41751 Viersen	Hoffmann + Voss GmbH	98	✓	·	·
42310 Wuppertal	Ernst Böhmke GmbH	30	✓	·	·
53179 Bonn	Kohli Chemie GmbH	126	·	·	·
53721 Siegburg	Polyrec GmbH & Co. KG	185	✓	✓	·
64347 Griesheim	Pro-Plast Kunststoff GmbH	189	✓	·	·
66954 Pirmasens	Jakob Becker Entsorgungs-GmbH	21	✓	✓	✓
67547 Worms	Jakob Becker Entsorgungs-GmbH	24	✓	✓	✓
67547 Worms	WKR Altkunststoffprod. u. Vertr. GmbH	266	✓	✓	✓
67591 Mörstadt	KPV - GmbH	128	✓	✓	✓

Cellulosederivate (CA, CAB, CP)

Ort	Firma	Nr.	sorten-rein	ver-mischt	ver-schmutzt
67678 Mehlingen	Jakob Becker Entsorgungs-GmbH	20	✓	✓	✓
67678 Mehlingen	Emrich Kanalreinigung GmbH	55	✓	✓	✓
70191 Stuttgart	Emil Pfleiderer GmbH & Co. KG	173	✓	✓	✓
72704 Reutlingen	Estra-Kunststoff GmbH	58	✓	.	.
74360 Auenstein	IKR - Kunststoffrecycling GmbH	105	✓	✓	.
74579 Fichtenau	Theodor Rieger	203	✓	.	.
76661 Phillipsburg	F&E GmbH	60	✓	✓	✓
85053 Ingolstadt	Walter Fechner	61	✓	.	.
91593 Burgbernheim	Bratke Kunststofftechnik	33	✓	.	.
92542 Dieterskirchen	Diku-Kunststoff GmbH	49	✓	.	.
97776 Eussenheim	Sohler Plastik GMBH	223	✓	.	.
98544 Zella-Mehlis	Z-M Entsorgung und Recycling GmbH	276	✓	✓	✓
A 9100 Völkermarkt	Kruschitz Werner	133	✓	✓	✓
A 9111 Haimburg	Mekaplast Warenhandelsges. mbH	144	✓	✓	✓
CH 4537 Wiedlisbach	Wiba Kunststoff AG	264	✓	.	.
CH 8222 Beringen	Urs Sigrist AG	252	✓	.	.
CH 8706 Meilen	Albis Impex AG	6	✓	.	.

Duroplaste (MF, PF, MPF, UP)

Ort	Firma	Nr.	sorten-rein	ver-mischt	ver-schmutzt
01744 Dippoldiswalde	Becker-Entsorgung und Recycling GmbH	18	✓	✓	✓
09114 Chemnitz	Becker Umweltdienste GmbH	17	✓	✓	✓
09636 Langenau	Becker Umweltdienste GmbH	19	✓	✓	✓
15234 Frankfurt/Oder	Becker + Armbrust GmbH	16	✓	✓	✓
15890 Eisenhüttenstadt	LER - Lausitzer Entsorgung u. Rec. GmbH	139	✓	✓	✓
19322 Wittenberge	Becker Umweltdienste GmbH Perleberg	23	✓	✓	✓
19322 Wittenberge	bSR GmbH	36	✓	✓	✓
19348 Perleberg	BES GmbH	27	✓	✓	✓
24941 Flensburg	Städtereinigung Nord GmbH & Co. KG	229	✓	✓	·
32791 Lage	Intraplast Recycling GmbH	108	✓	·	·
35687 Dillenburg	Fischer GmbH duro tech	64	·	·	·
39615 Seehausen	Becker Entsorgung u. Recycling GmbH	22	✓	✓	✓
57290 Neunkirchen	Heinrich Baumgarten GmbH	14	·	·	·
57290 Neunkirchen	Implex GmbH	106	·	·	·
66954 Pirmasens	Jakob Becker Entsorgungs-GmbH	21	✓	✓	✓
67547 Worms	Jakob Becker Entsorgungs-GmbH	24	✓	✓	✓
67547 Worms	WKR Altkunststoffprod. u. Vertr. GmbH	266	✓	✓	✓
67678 Mehlingen	Jakob Becker Entsorgungs-GmbH	20	✓	✓	✓
67678 Mehlingen	Emrich Kanalreinigung GmbH	55	✓	✓	✓
70191 Stuttgart	Emil Pfleiderer GmbH & Co. KG	173	✓	✓	✓
74360 Auenstein	IKR - Kunststoffrecycling GmbH	105	✓	✓	·
76661 Phillipsburg	F&E GmbH	60	✓	✓	✓

Duroplaste (MF, PF, MPF, UP)

Ort	Firma	Nr.	sorten-rein	ver-mischt	ver-schmutzt
98544 Zella-Mehlis	Z-M Entsorgung und Recycling GmbH	276	✓	✓	✓

Polyurethan (PUR, TPU)

Ort	Firma	Nr.	sortenrein	vermischt	verschmutzt
12347 Berlin	Beab-Cycloplast GmbH	15	✓	·	·
20539 Hamburg	Albis Plastic GmbH	5	✓	·	·
28727 Bremen	Städtereinigung K. Nhelsen GmbH	228	✓	✓	·
32791 Lage	Intraplast Recycling GmbH	108	✓	·	·
37276 Meinhard-Frieda	Friedola Gebr. Holzapfel GmbH & Co. KG	72	✓	·	·
40789 Monheim	Fomtex Hüttemann GmbH	69	✓	·	·
41751 Viersen	Hoffmann + Voss GmbH	98	✓	·	·
46047 Oberhausen	Industrie Service Lukas	107	✓	·	·
47800 Krefeld	Janßen & Angenendt GmbH	112	✓	·	·
57271 Hilchenbach	Bröcher Recycling	35	✓	·	✓
59304 Ennigerloh	Geba Kunststoffhandel-K.-Recycling GmbH	76	✓	·	·
63165 Mühlheim	Pal-Plast GmbH	166	✓	·	·
64347 Griesheim	Pro-Plast Kunststoff GmbH	189	✓	·	·
67591 Mörstadt	KPV - GmbH	128	✓	✓	✓
67657 Kaiserslautern	CHS-Martel GmbH	39	✓	✓	✓
70191 Stuttgart	Emil Pfleiderer GmbH & Co. KG	173	✓	✓	✓
72336 Balingen	Schenk Recycling GmbH	215	✓	·	·
72581 Dettingen	Jürgen Stiefel GmbH	232	✓	✓	✓
74360 Auenstein	IKR - Kunststoffrecycling GmbH	105	✓	✓	·
76661 Phillipsburg	F&E GmbH	60	✓	✓	✓
78436 Konstanz	Hämmerle Recycling GmbH	87	✓	·	✓
85053 Ingolstadt	Walter Fechner	61	✓	·	·
85221 Dachau	popper + schmidt plastics	186	✓	·	·
87437 Kempten	EBS-Recycling GmbH	52	✓	·	✓
87700 Memmingen	Metzeler Schaum GmbH	146	·	·	·
88063 Tettnang	Mössmer GmbH & Co.	151	✓	·	·

Polyurethan (PUR, TPU)

Ort	Firma	Nr.	sortenrein	vermischt	verschmutzt
88214 Ravensburg	Moosmann GmbH & Co.	152	✓	·	·
91593 Burgbernheim	Bratke Kunststofftechnik	33	✓	·	·
91792 Ellingen	HOH Recycling Handels GmbH	99	✓	·	·
92342 Freystadt-Forchheim	Manfred Leibold	138	✓	·	·
92542 Dieterskirchen	Diku-Kunststoff GmbH	49	✓	·	·
94315 Straubing	Michael Wolf	268	✓	✓	·
97306 Kitzingen	F.S. Fehrer GmbH & Co. KG	62	·	·	·
A 1235 Wien	Dkfm. A. Tree GmbH	247	✓	·	·
A 9100 Völkermarkt	Kruschitz Werner	133	✓	✓	✓
A 9111 Haimburg	Mekaplast Warenhandelsges. mbH	144	✓	✓	✓
CH 4537 Wiedlisbach	Wiba Kunststoff AG	264	✓	·	·
CH 6300 Zug	Synco Kunststoff-Logistik AG	236	✓	·	✓
CH 8222 Beringen	Urs Sigrist AG	252	✓	·	·
CH 8706 Meilen	Albis Impex AG	6	✓	·	·

Kautschuk, thermoplastisch (TPU, TPR)

Ort	Firma	Nr.	sortenrein	vermischt	verschmutzt
16559 Liebenwalde	Kabelrecycling Liebenwalde GmbH	116	·	✓	·
16727 Velten	Welkisch Styropor Recycling GmbH	259	·	·	·
26629 Großefehn	Beeko Plast Kunststoffe GmbH	25	✓	✓	✓
30982 Pattensen	Calenberg GmbH	38	✓	✓	·
32791 Lage	Intraplast Recycling GmbH	108	✓	·	·
37276 Meinhard-Frieda	Friedola Gebr. Holzapfel GmbH & Co. KG	72	✓	·	·
41751 Viersen	Hoffmann + Voss GmbH	98	✓	·	·
44008 Dortmund	Diffundit H.W. Kischkel KG	48	✓	·	·
44319 Dortmund	E. Huchtemeier GmbH & Co.KG	101	✓	✓	✓
47800 Krefeld	Janßen & Angenendt GmbH	112	✓	·	·
48249 Dülmen	Harry Teetz GmbH	238	✓	·	·
51149 Köln	Rudolf Schwarz K.-Regenerierung GmbH	219	✓	·	·
53179 Bonn-Mehlem	Clemens Recycling und Entsorgungs GmbH	40	✓	✓	✓
57539 Etzbach	Guschall GmbH	83	✓	✓	✓
63069 Offenbach	IATT GmbH	104	✓	·	·
67657 Kaiserslautern	CHS-Martel GmbH	39	✓	✓	✓
68169 Mannheim	G.A.S. GmbH & Co. KG	75	✓	✓	✓
70191 Stuttgart	Emil Pfleiderer GmbH & Co. KG	173	✓	✓	✓
74722 Buchen	Odenwälder Kunststoffwerk	161	✓	·	·
76661 Phillipsburg	F&E GmbH	60	✓	✓	✓
80336 München	ITP GmbH &Co. KG	110	✓	✓	✓
88214 Ravensburg	Moosmann GmbH & Co.	152	✓	·	·
92542 Dieterskirchen	Diku-Kunststoff GmbH	49	✓	·	·
A 9111 Haimburg	Mekaplast Warenhandelsges. mbH	144	✓	✓	✓

Kautschuk, thermoplastisch (TPU, TPR)

Ort	Firma	Nr.	sortenrein	vermischt	verschmutzt
CH 1255 Veyrier-Genf	Kyonax Corporation	137	✓	·	·
CH 4502 Solothurn/ Soleure	Typ AG	249	·	·	·
CH 4537 Wiedlisbach	Wiba Kunststoff AG	264	✓	·	·
CH 8572 Berg	Minger Kunststofftechnik AG	148	✓	·	·
CH 8706 Meilen	Albis Impex AG	6	✓	·	·

Kautschuk, Altreifen

Ort	Firma	Nr.	sortenrein	vermischt	verschmutzt
01744 Dippoldiswalde	Becker-Entsorgung und Recycling GmbH	18	✓	✓	✓
09114 Chemnitz	Becker Umweltdienste GmbH	17	✓	✓	✓
09636 Langenau	Becker Umweltdienste GmbH	19	✓	✓	✓
15234 Frankfurt/Oder	Becker + Armbrust GmbH	16	✓	✓	✓
15890 Eisenhüttenstadt	LER - Lausitzer Entsorgung u. Rec. GmbH	139	✓	✓	✓
16727 Velten	Welkisch Styropor Recycling GmbH	259	·	·	·
19322 Wittenberge	Becker Umweltdienste GmbH Perleberg	23	✓	✓	✓
19322 Wittenberge	bSR GmbH	36	✓	✓	✓
19348 Perleberg	BES GmbH	27	✓	✓	✓
26629 Großefehn	Beeko Plast Kunststoffe GmbH	25	✓	✓	✓
28727 Bremen	Städtereinigung K. Nhelsen GmbH	228	✓	✓	·
39615 Seehausen	Becker Entsorgung u. Recycling GmbH	22	✓	✓	✓
44319 Dortmund	E. Huchtemeier GmbH & Co.KG	101	✓	✓	✓
53179 Bonn-Mehlem	Clemens Recycling und Entsorgungs GmbH	40	✓	✓	✓
59075 Hamm	Huchtemeier Recycling GmbH	102	✓	·	·
66953 Pirmasens	Theo Kleiner Recycling GmbH	125	·	✓	·
66954 Pirmasens	Jakob Becker Entsorgungs-GmbH	21	✓	✓	✓
67547 Worms	Jakob Becker Entsorgungs-GmbH	24	✓	✓	✓
67547 Worms	WKR Altkunststoffprod. u. Vertr. GmbH	266	✓	✓	✓
67657 Kaiserslautern	CHS-Martel GmbH	39	✓	✓	✓
67678 Mehlingen	Jakob Becker Entsorgungs-GmbH	20	✓	✓	✓
67678 Mehlingen	Emrich Kanalreinigung GmbH	55	✓	✓	✓

Kautschuk, Altreifen

Ort	Firma	Nr.	sorten-rein	ver-mischt	ver-schmutzt
68169 Mannheim	G.A.S. GmbH & Co. KG	75	✓	✓	✓
70191 Stuttgart	Emil Pfleiderer GmbH & Co. KG	173	✓	✓	✓
76661 Phillipsburg	F&E GmbH	60	✓	✓	✓
78436 Konstanz	Hämmerle Recycling GmbH	87	✓	.	✓
80336 München	ITP GmbH &Co. KG	110	✓	✓	✓
85221 Dachau	Peter Fink GmbH	63	✓	✓	.
94315 Straubing	Michael Wolf	268	✓	✓	.
98544 Zella-Mehlis	Z-M Entsorgung und Recycling GmbH	276	✓	✓	✓
A 1235 Wien	Dkfm. A. Tree GmbH	247	✓	.	.

Anhang

Verbände und Institutionen

**Gesamtverband Kunststoffverarbeitende
Industrie (GVK)**
Am Hauptbahnhof 12, 60329 Frankfurt
Tel.: 069/27105-0, Fax.: 069/232799

**Industrieverband Verpackung und
Folien aus Kunststoff e.V.**
Fellnerstr. 5, 60322 Frankfurt
Tel.: 069/550819, Fax.: 069/295712

**Verband Deutscher Maschinen- und Anlagenbau e.V.
Fachgemeinschaft Gummi- und Kunststoffmaschinen im VDMA
Fachgemeinschaft Präzisionswerkzeuge im VDMA**
Lyoner Str. 18, 60528 Frankfurt/Main
Postfach 710864, 60498 Frankfurt/Main
Tel.: 069/66030, Telex: 413152, Fax.: 069/6603840

DKR Gesellschaft für Kunststoff Recycling mbH
In der Raste 26, 53129 Bonn
Tel.: 0228/91690, Fax.: 0228/9169290

**RIGK Gesellschaft zur Rückführung industrieller
und gewerblicher Kunststoffverpackungen mbH**
Hessenring 121, 61348 Bad Homburg
Tel.: 06172/925843, Fax.: 06172/925820

**EWvK Entwicklungsgesellschaft für die
Wiederverwertung von Kunststoffen mbH**
Rheingaustraße 190, 65203 Wiesbaden

Duales System Deutschland GmbH
Adenauerallee 73, 53113 Bonn
Tel.: 0228/9792-0, Fax.: 0228/9792-190

TÜV Rheinland
ZA Werkstoff- u. Schweißtechnik, Kunststofftechnik
Postfach 10 17 50, 51101 Köln
Tel.: 0221/806-2373, Fax.: 0221/806-1753

Ministerien und Behörden

**Bundesministerium für Umwelt,
Naturschutz und Reaktorsicherheit**
Kennedyallee 5, 53175 Bonn
Tel.: 0228/305-0, Fax.: 0228/305-20

Umweltbundesamt
Bismarckplatz 1, 14193 Berlin
Tel.: 030/8903-0, Fax.: 030/2285

Umweltministerien der Bundesländer

Baden-Württemberg

Ministerium für Umwelt Baden-Württemberg
Kernerplatz 9, 70182 Stuttgart
Tel.: 0711/126-0, Fax.: 0711/126-2881

Bayern

**Bayrisches Staatsministerium für
Landesentwicklung und Umweltfragen**
Rosenkavalierplatz 2, 81925 München
Tel.: 089/92141, Fax.: 089/92142-266

Berlin

**Senatsverwaltung für Stadtentwicklung
und Umweltschutz von Berlin**
Lindenstraße 20-25, 10969 Berlin
Tel.: 030/2586-0, Fax.: 030/2586-2111

Brandenburg

**Ministerium für Umwelt, Naturschutz
und Raumordnung des Landes Brandenburg**
Albert-Einstein-Str. 42-46, 14473 Potsdam
Tel.: 0331/866-0, Fax.: 0331/22300

Bremen

**Senator für Umweltschutz und Stadtentwicklung
der Freien und Hansestadt Bremen**
Ansgaritorstr. 2, 28195 Bremen
Tel.: 0421/3661-0, Fax.: 0421/3612-050

Hamburg

**Umweltbehörde der Freien und
Hansestadt Hamburg**
Steindamm 14a - 22, 20099 Hamburg
Tel.: 040/2486-0, Fax.: 040/2486-3293

Hessen

**Hessisches Ministerium für
Umwelt und Reaktorsicherheit**
Mainzer Straße 80, 65189 Wiesbaden
Tel.: 0611/815-0, Fax.: 0611/815-1941

Mecklenburg - Vorpommern

**Ministerium für Umwelt
des Landes Mecklenburg-Vorpommern**
Schloßstraße 6 - 8, 19053 Schwerin
Tel.: 0385/5880, Fax.: 0385/861746

Niedersachsen

**Niedersächsisches Umweltministerium
Archivstraße 2, 30169 Hannover**
Tel.: 0511/104-0, Fax.: 0511/104-3399

Nordrhein - Westfalen

**Ministerium für Umwelt, Raumordnung und
Landwirtschaft des Landes Nordrhein-Westfalen**
Schwannstr. 3, 40476 Düsseldorf
Tel.: 0211/4566-0, Fax.: 0211/4566-388

Rheinland - Pfalz

Ministerium für Umwelt
Kaiser-Friedrich-Str. 7, 55116 Mainz
Postfach 3160, 55021 Mainz
Tel.: 06131/16-0, Fax.: 06131/16-4646

Saarland

Ministerium für Umwelt des Saarlandes
Hardenbergstraße 8, 66119 Saarbrücken
Tel.: 0681/501-1, Fax.: 0681/501-4522

Sachsen

Sächisches Staatsministerium für
Umwelt und Landesentwicklung
Ostra Allee 23, 01067 Dresden
Tel.: 0351/4862-0, Fax.: 0351/4862-209

Sachsen - Anhalt

Ministerium für Umwelt und Naturschutz
des Landes Sachsen-Anhalt
Pfälzer Straße 1, 39106 Magdeburg
Tel.: 0391/56701, Fax.: 0391/58417

Schleswig - Holstein

Ministerium für Natur, Umwelt und Landesentwicklung
des Landes Schleswig-Holstein
Grenzstraße 1 - 5, 24149 Kiel
Tel.: 0431/219-0, Fax.: 0431/219-209

Thüringen

Ministerium für Umwelt und Landesplanung
des Landes Thüringen
Richard-Breslau-Straße 11a, 99094 Erfurt
Tel.: 0361/6575-0, Fax.: 0361/6575-219

Fragebogen: Kunststoff-Recycling-Betriebe

Verwerten Sie Kunststoffabfälle?

Diese Übersicht wird in regelmäßigen Abständen aktualisiert. Hierzu benötigen wir die Mithilfe der betroffenen Industrie. Sollte ein Unternehmen in dieser Broschüre fehlen oder sollten sich Angaben seit der Befragung verändert haben, bitten die Herausgeber um Nachricht. Bitte verwenden Sie dazu das umseitige Formblatt. Vor Drucklegung einer Neuausgabe dieser Broschüre werden Ihnen Ihre Eintragungen in jedem Fall noch einmal vorgelegt.

Schicken Sie den ausgefüllten Fragebogen an:

KUNSTSTOFFE
Redaktion Recycling
Marburger Straße 13

D-64289 Darmstadt

Tel. (0 61 51) 70 09 20
Fax. (0 61 51) 70 09 20

Fragebogen: Kunststoff-Recycling-Betriebe

1.) Übernehmen oder kaufen Sie Kunststoffabfälle ? ☐ ja ☐ nein

2.) a) Um welche Arten von Kunststoffabfällen handelt es sich ?

	sortenrein	vermischt	verschmutzt
Thermoplaste	☐	☐	☐
Duroplaste	☐	☐	☐
Elastomere, Kautschuke	☐	☐	☐
Altreifen	☐	☐	☐

b) in Form von   c) aus den Kunststoffen

b)	c)			
☐ Folien	☐ PVC	☐ ASA	☐ PMMA	☐ PI
☐ Formteilen	☐ PE	☐ ABS	☐ PET,PBT	☐ PTFE, FEP, PFA
☐ Mahlgut	☐ EVA	☐ PA	☐ PES	☐ CA, CAB, CP
☐ Schaumstoffen	☐ PP	☐ POM	☐ PPS	☐ MF, PF, MPF, UP
☐ Fasern	☐ PS, EPS	☐ PC	☐ PSU	☐ PUR, TPU
☐ [1]	☐ SAN	☐ PPO	☐ [1]	

----------------------------------   ----------------------------------

3.) Bereiten Sie die genannten Kunststoffabfälle auf ? ☐ ja ☐ nein
(Reinigen, Trennen, Mahlen, Regranulieren, Compoundieren, etc.
- auch im Lohnauftrag)

4.) Vertreiben Sie aufbereitete Kunststoffabfälle ? ☐ ja ☐ nein
(Regranulat bzw. Rezyklate)

5.) Verarbeiten Sie Kunststoffabfälle bzw. Rezyklate zu Halbzeug
bzw. Fertigerzeugnissen ? ☐ ja ☐ nein

6.) Welche Abfallmengen[2] bereiten Sie auf, vertreiben oder verarbeiten Sie pro Jahr ?

	bis 1000 t	1000 bis 5000 t	mehr als 5000 t
a) Aufbereiten	☐	☐	☐
b) Vertreiben	☐	☐	☐
c) Verarbeiten von Rezyklat / Regenerat			
zu Folien	☐	☐	☐
zu Formteilen	☐	☐	☐
zu Verbundwerkstoffen	☐	☐	☐
zu [1]	☐	☐	☐

7.) Anschrift

Firma : .... Tel.: ....

Straße/Postfach : .... Telex : ....

PLZ / Ort : .... Telefax : ....

Neue PLZ : .... Ansprechpartner : ....

---

1) Sonstiges bitte eintragen
2) Diese Angabe spielt bei vielen Anfragen eine wichtige Rolle. Ihre Beantwortung ist unerläßlich !

KUREC Datenbank Kunststoff-Recyclingbetriebe auf Diskette

Leistungsmerkmale:

- Die Datenbank enthält alle Informationen dieses Buches

- Die gespeicherten Informationen betreffen:
  - Art der Kunststoffabfälle (Thermo-, Duroplaste, Elastomere, Kautschuke, Altreifen)
  - Form (Folien, Formteile, Mahlgut, ...)
  - Kunststoffgruppe (PVC, PE, POM, ...)
  - Abfallmengen
  - Verschmutzungsgrad
  - Aufbereitung, Vertrieb, Verarbeitung
  - Anschrift, Telefon, Fax, Ansprechpartner

- Die Datenbank wird halbjährlich aktualisiert und erweitert.

Programmfunktionen:

- Sortiermöglichkeiten über Firmennamen, Landeskennzahl und Postleitzahl der Firma

- Suchfunktionen u.a.:
  - nach Kunststoffart
  - nach Aufbereitungs-, Verarbeitungs- und Vertriebsmengen
  - nach Kunststoffgruppen
  - nach Art und Verschmutzungsart

- Online-Hilfe

Hard- und Softwarevoraussetzungen:

- IBM- oder kompatibler PC
- mindestens 1 MByte Hauptspeicher
- WINDOWS 3.1

Im Preis für die Software, ist ein Installationsprogramm, eine Programmbeschreibung, Rückfragen über die Hotline, sowie ein kostenloses Update enthalten.

Bestellkarte

Ich bestelle
über die Buchhandlung ....

Expl. **KUREC Kunststoff-Recyclingbetriebe**
Programmdiskette mit Programmbeschreibung
inkl. 1 kostenloses Update

Diskettenformat: ☐ 3,5 Zoll   ☐ 5,25 Zoll   Bestell-Nr.: 3-446-17722-1   **DM 98,-**

| Name/Firma: |
| Straße: |
| PLZ/Ort: |
| Datum/Unterschrift: |

Carl Hanser Verlag, Postfach 86 04 20, 81631 München
Telefon: 089/99830-205, Fax: 089/984809

Postkarte

Carl Hanser Verlag
Postfach 86 04 20

81631 München

HANSER